Heidelberger Taschenbücher Band 190

H. A. Bartels

Chemische Analyse

Basiswissen

Mit 21 Abbildungen

Springer-Verlag
Berlin Heidelberg New York 1977

Priv.-Doz. Dr. Hermann A. Bartels
c/o Ciba-Geigy AG, CH-4002 Basel

ISBN-13: 978-3-540-08321-4   e-ISBN-13: 978-3-642-66691-9
DOI: 10.1007/978-3-642-66691-9

Library of Congress Cataloging in Publication Data. Bartels, Hermann August, 1938- Chemische Analyse. (Heidelberger Taschenbücher; Bd. 190) 1. Chemistry, Analytic. I. Werder, R. D. II. Title. QD75.2.B385 543 77-22345

Das Werk ist urheberrechtlich geschützt. Die dadurch begründeten Rechte, insbesondere die der Übersetzung, des Nachdruckes, der Entnahme von Abbildungen, der Funksendung, der Wiedergabe auf photomechanischem oder ähnlichem Wege und der Speicherung in Datenverarbeitungsanlagen bleiben, auch bei nur auszugsweiser Verwertung, vorbehalten.

Bei Vervielfältigungen für gewerbliche Zwecke ist gemäß § 54 UrhG eine Vergütung an den Verlag zu zahlen, deren Höhe mit dem Verlag zu vereinbaren ist.

© by Springer-Verlag Berlin · Heidelberg 1977

Die Wiedergabe von Gebrauchsnamen, Handelsnamen, Warenbezeichnungen usw. in diesem Werk berechtigt auch ohne besondere Kennzeichnung nicht zu der Annahme, daß solche Namen im Sinne der Warenzeichen- und Markenschutz-Gesetzgebung als frei zu betrachten wären und daher von jedermann benutzt werden dürften.

Herstellung: Julius Beltz KG/Hemsbach. 2124/3140-543210

Vorwort

Im Zeitalter der Analysenautomaten ist es einfach geworden, Analysenresultate zu produzieren. Aber immer wieder muß man feststellen, daß bei der Lösung analytischer Aufgaben überaus „großzügig" verfahren wird. Die Wichtigkeit der Probenahme, Probeaufbereitung, die Beachtung der Fehlergrenzen, Fehlerrechnung, die gesamte Deutung und Auswertung der Resultate werden oft übersehen: Es fehlt an „Fingerspitzengefühl" für analytische Grundfragen.
Zu dieser Situation trägt bei, daß die chemische Analytik – insbesondere dank der modernen Instrumentation – eine weite Verbreitung gefunden hat. Analytisch unerfahrene Naturwissenschaftler, Ingenieure, Kaufleute und Handwerker müssen in der analytischen Chemie ein Gewirr aus Empirie, handwerklichem Können und etwas exakter Naturwissenschaft vermuten.
Hier soll das Buch einen Leitfaden geben. Auf knappem Raum wird gezeigt, wie man die eigentliche Problemstellung herauskristallisiert, welche Analysenverfahren tauglich und kostengünstig sind, wie man sie findet, was alles analysiert und kontrolliert werden muß, wie man die Analysenresultate interpretieren muß und wie man zur Lösung des Problems kommt.
Es geht um Basiswissen, um das Allgemeine, den Blick für die großen Zusammenhänge, das Einfühlungsvermögen in die Problematik der analytischen Chemie. Fachwissen wird nicht vermittelt, jedoch über Literaturzitate größtenteils zugänglich gemacht.
Um eine allgemeine Darstellung zu ermöglichen, war eine breite Diskussion mit vielen Kollegen notwendig.
Dieses Buch ist das Resultat vieler Jahre praktischer Arbeit auf mehreren Teilgebieten der chemischen Analytik und langer Diskussionen mit vielen Fachkollegen, denen an dieser Stelle gedankt sei.
Besonderen Dank gebührt Frau M. Böhmer für ihre Hilfsbereitschaft und Herrn Dr. R. Werder für seine stets objektive Kritik.

Basel, April 1977   H.A. Bartels

Inhaltsverzeichnis

1. Einleitung 1

2. Das Lösen von Problemen mit chemisch-analytischen Methoden . 3

3. Vom Problem zur Hypothese 7
   3.1 Das Problem 7
   3.2 Die Hypothesen 8
   3.3 Prüfung von Hypothesen 10

4. Die chemisch-analytischen Fragestellungen 11
   4.1 Identität 13
   4.2 Qualitative Zusammensetzung 13
   4.3 Quantitative Zusammensetzung 13
   4.4 Strukturen 13
   4.5 Geschwindigkeiten 14

5. Transformation der Hypothesen in Fragestellungen 15
   5.1 Prüfen der Fragestellung 15

6. Das Analysenverfahren 16

7. Gütekriterien der Analysenvorschrift 20
   7.1 Genauigkeit 22
   7.2 Präzision 29

8. Die passende Analysenvorschrift 32
   8.1 Auswahlkriterien 32
   8.2 Die Suche der Vorschrift 33

9. Die zu analysierenden Systeme 39
   9.1 Das Analysensystem 39
   9.2 Das Referenzsystem 43
   9.3 Das Vergleichssystem 46

10. Die Instrumentation
   10.1 Meßinstrumente 50
   10.2 Mechanisierte Analysenkanäle 52
   10.3 Die Beziehung Analysenkanal – Analysenvorschrift . . 54
   10.4 Die Computerisierung 56
   10.5 Vor- und Nachteile der Automation 59

11. Die Qualitätskontrolle 61
    11.1 Die Kontrollverfahren 62
    11.2 Die Durchführung der quantitativen Qualitätskontrolle . 64
    11.3 Die Auswertung 65
    11.4 Die Fehlersuche 74

12. Die Informationsdarstellung 79
    12.1 Die Resultatmitteilung 79
    12.2 Die Dokumentation der Analysenverfahren 81

13. Die Interpretation
    13.1 Der Identitätsnachweis 84
    13.2 Die zusammengesetzten Urteile 85
    13.3 Die Hilfsmittel zur Interpretation 86
    13.4 Die Verifikation 87
    13.5 Die Interpretation von Resultaten aus verschiedenen Laboratorien 87
    13.6 Zusammenfassende Urteile 88

14. Sachverzeichnis 89

1. Einleitung

Was ist eigentlich „Chemische Analytik"?
Womit setzt sie sich auseinander?

Der Vorstand der Gesellschaft Deutscher Chemiker beantwortet diese Frage in einer 1974 zur Vernehmlassung vorgelegten Definition wie folgt: *„Sie ist die Wissenschaft von der Gewinnung und verwertungsbezogenen Interpretation von Information über stoffliche Systeme mit Hilfe naturwissenschaftlicher Methoden".*
Das ist eine sehr weit gefaßte Abgrenzung, in der das Wort „Chemie" gar nicht mehr enthalten ist. Sie wird der Tatsache gerecht, daß die Methoden der chemischen Analytik nicht mehr die Domäne des analytischen Chemikers allein sind. Naturwissenschafter der verschiedensten Fachrichtungen und Disziplinen bedienen sich der chemischen Analytik, um die von ihnen untersuchten Systeme auch mit den Methoden dieses Fachgebietes zu charakterisieren. Die Vielfalt der Problemstellungen tritt deutlicher hervor, wenn man sich vor Augen führt, daß nicht nur die Wissenschaften – von Medizin über Biologie zur Physik – sondern auch eine große Anzahl von Wirtschaftszweigen – wie Agrikultur, Lebensmittel- und Textilproduktion, pharmazeutische Industrie und Schwerindustrie, um nur einige zu nennen – auf die Methoden der chemischen Analytik angewiesen sind.
Dementsprechend gibt es chemisch-analytische Methoden zur Überwachung von Produktionsprozessen, zum Auffinden biologisch wirksamer Substanzen, zur Entscheidungshilfe bei juristischen Fragestellungen, zu medizinisch-diagnostischen Zwecken und zur Befriedigung rein wissenschaftlicher Neugier. Die Aufzählung der verschiedenen Zielsetzungen ließe sich über mehrere Seiten fortführen.
Die breite Anwendung stellt viele *Nichtchemiker* vor die Aufgabe, sich mit den Problemen der chemischen Analytik zu beschäftigen, oft ohne die Gelegenheit gehabt zu haben, sich zuvor mit der grundsätzlichen Denkweise innerhalb dieser Wissenschaft eingehend auseinanderzusetzen. Diese Lücke soll die vorliegende Abhandlung schließen. Sie wendet sich in erster Linie also nicht an „Vollblutanalytiker", sondern an all jene, die nebenamtlich chemische Analysen durchführen oder veranlassen, also an Naturwissenschafter aller Schattierungen: an Biologen und Geologen, an Physiker und Mediziner, an Generalisten, ganz allgemein an Projektleiter in Industrie und Wissenschaft, sofern sie sich mit chemischen Problemen beschäftigen und nicht

zuletzt an die Studenten der naturwissenschaftlichen und medizinischen Fakultäten. Es werden in diesem Buch keine Analysenvorschriften gegeben, mit denen man kochbuchartig Analysen durchführen könnte. Es werden auch keine experimentellen Details, keine handwerklichen Kniffe und keine neuartigen Apparaturen vorgestellt.

Der Begriff der „chemischen Analytik" ist hier weiter gefaßt. Das Buch will die *Grundlagen* des chemisch-analytischen Denkens und Vorgehens diskutieren, um ein prinzipielles Verstehen bei der Problematik zu fördern. Es wird gezeigt, wie man Probleme mit chemisch-analytischen Methoden generell lösen kann, welche Vorgehensweise sinnvoll und welche eher problematisch ist. Es wird diskutiert, welche allgemeinen Schwierigkeiten zu erwarten sind, und wie man diese meistern kann.

Für spezielle Probleme wird auf die einschlägige Literatur, Bücher, Zeitschriften und wissenschaftliche Abhandlungen verwiesen.

2. Das Lösen von Problemen mit chemisch-analytischen Methoden

Auf den ersten Blick sieht es nun so aus, als hätten die analytischen Methoden, die in den verschiedenen Wissenschaften und Wirtschaftszweigen angewendet werden, nichts miteinander zu tun. Das chemisch-analytische Vorgehen in einem Stahlwerk scheint sich weitgehend von den Methoden des Lebensmittelchemikers, des Enzymologen oder gar des Mediziners zu unterscheiden.

Obwohl aber die Problemstellungen verschieden sind, und obwohl sie die verschiedensten Materialien betreffen: Bei näherem Hinsehen wird deutlich, daß das prinzipielle Vorgehen bei allen Fragestellungen gleich ist. Es folgt den Gesetzen der chemischen Analytik, die so gesehen ein Spezialgebiet der allgemeinen Analytik ist, wie sie vor allem auf vielen Gebieten der Wirtschaftswissenschaften, des Managements oder allgemein in der Philosophie entwickelt wurde. Auch in der chemischen Analytik geht es darum, die auftretenden Probleme logisch zu zergliedern und zu strukturieren, um so einen Einblick in das zu beurteilende System zu bekommen.
Der allgemein gangbare Weg zum Lösen von Problemen mit chemisch-analytischen Methoden ist in Abb. 1 schematisiert. Je nach Problemstellung wird man ihn in der ganzen Breite gehen, schnell durcheilen, möglicherweise auch wiederholt mit leicht geänderter Zielsetzung benützen. Es lohnt sich, das Vorgehen etwas genauer zu studieren.
Zunächst jedoch eine globale Beschreibung:
In jedem Fall muß *das Problem* in einem ersten Schritt eindeutig erfaßt und dargestellt werden. Man wird sich fragen:
„Wie ist das zu klärende Phänomen?"
„Was ist bekannt?"
„Was ist nicht bekannt?"
„Was will ich wissen?"
Bei praktischen Problemen wird man spezifischer fragen: „Worin besteht die zu beseitigende Schwierigkeit?". „Wie ist die Situation, wie sollte sie sein?".
Ist das Problem klar definiert, so geht es darum, herauszufinden, warum die Schwierigkeit besteht, wie das Phänomen erklärt werden kann. In der Regel kommt man zu mehreren Erklärungsmöglichkeiten, sogenannten Hypothesen. Diese sind anhand der bekannten Information auf ihre Plausibilität zu prüfen. Anschließend werden die Hypothesen nach Kriterien wie Wichtigkeit und Wahrscheinlichkeit des Zutreffens geordnet und so weit als möglich in experimentell angehbare Fragestellungen zergliedert.

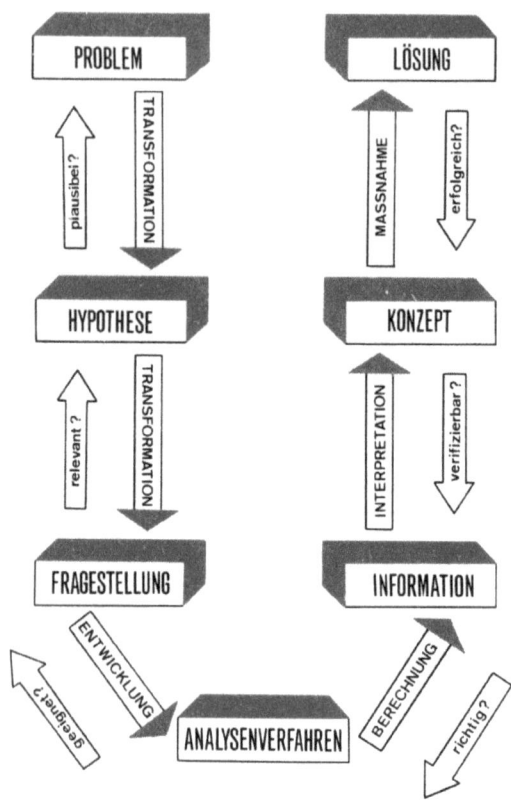

Abb. 1. Schema des in der chemischen Analytik allgemein gangbaren Wegs vom Problem zur Lösung. Die Kontrollverfahren der einzelnen Schritte beziehen sich entweder auf den Schritt oder auf das nächstfolgende Zwischenresultat

Die Fragestellungen müssen so formuliert werden, daß die zu erwartenden Ergebnisse die Hypothesen in wesentlichen Punkten stützen oder widerlegen. Andererseits ist auf die Durchführbarkeit und auf die mit dem Experimentieren verbundenen Kosten Rücksicht zu nehmen.

Die Fragestellungen werden je nach Problem nur teilweise chemischer Art sein, viele werden die Nachbargebiete Physiologie, Pharmakologie, Bakteriologie, Kristallographie, Geologie und andere betreffen.

Ist die analytische Fragestellung formuliert, so wird in der Folge ein geeignetes *Analysenverfahren* geplant und ausgearbeitet bzw. gesucht und adaptiert werden müssen. Diese Phase führt zu einer gut dokumentierten Analysenvorschrift.

In einer weiteren Phase wird das Analysenverfahren angewendet. Dazu muß den zu beurteilenden Systemen eine repräsentative Probe entnommen und mit dem für tauglich befundenen Analysenverfahren untersucht werden: Es wird ein Analysenresultat gewonnen.

Eine Evaluation dieses Analysenresultats bezüglich Genauigkeit und Reproduzierbarkeit ist Gegenstand der nächsten Phase. Sie führt zu der in der analytischen Fragestellung geforderten Information.

In der letzten Phase findet die zusammenfassende *Interpretation* verschiedener Informationen – möglicherweise auch aus anderen Wissenschaftsbereichen – statt. Die Interpretation führt entweder über ein Konzept für gezieltes Vorgehen zur Lösung des Problems oder sie gibt Anlaß zum Verwerfen der Hypothese bzw. zur Umformulierung der analytischen Fragestellung, so daß der Prozeß zur Informationsgewinnung mit neuen Aspekten beginnen kann. Der Kreislauf zur Informationsgewinnung sei an einem *Beispiel* demonstriert. Es bestand folgende Problemsituation (Anal. Chem. 46, 1230A (1974)): Bei der Entschalung von Betonkonstruktionen in einem New Yorker „Multimillionen-Dollar-Projekt" hielt jedermann den Atem an. An mehreren Stellen floß der Beton unabgebunden aus der Konstruktion. Der Bau wurde einstweilen gestoppt. Warum hatte der Beton nicht abgebunden?

Hypothese: Sabotage! – In diesem Fall war es naheliegend, daß dem Beton Zucker zugesetzt worden war (eine Tasse Zucker kann das Abbinden von mehreren Kubikmetern Beton während Wochen verhindern). Analytische Fragestellung: Enthält der Beton Zucker? Analysenmethode: Photometrische Bestimmung im Betonextrakt. Resultat: kein Zucker nachweisbar, die analytische Fragestellung wurde verneint, die Hypothese widerlegt und verworfen. Zweite Hypothese: Es handelt sich um eine Überdosis normalerweise verwendeter Verzögerungszusätze. Analytische Fragestellung: Wieviel Polysaccharide und Lignosulfate enthält der Beton? Die Resultate der entsprechenden Analysenverfahren zeigten das Vorliegen normaler Konzentrationen. Die zweite Hypothese wurde ebenfalls verworfen.

Dritte Hypothese: Die Verzögerung des Abbindens trat auf Grund hoher Konzentrationen anorganischer Bestandteile auf. Analytische Fragestellung: Wie hoch ist die Konzentration anorganischer Elemente? Analysenverfahren: Röntgenfluoreszenz. Resultat: Der Beton enthält je etwa 0,03% Zink und Blei. Die Zuverlässigkeit des Analysenergebnisses wurde durch Wiederholung der Bestimmung mit der Atomabsorptionsmethode abgeschätzt und das Resultat so zu einer Information verdichtet.

Fachleuten fällt die Interpretation nicht schwer. Von so hohen Konzentrationen ist bekannt, daß sie das Abbinden des Betons stark verzögern. Damit war die chemische Seite erledigt. Die Frage, wie die Metallionen in den Beton kamen, konnte durch ein ähnliches Vorgehen geklärt werden: Es war eine neue Charge Sand eingesetzt worden, die die Schwermetalle enthielt.

Noch ein zweiter Aspekt chemisch-analytischen Vorgehens wird hier deutlich: Im allgemeinen sind am Lösungsprozeß Mitarbeiter der verschiedensten Fachbereiche beteiligt. Im erwähnten Beispiel waren es wahrscheinlich Facharbeiter, Baumeister, Manager, Chemiker und Juristen.

Um ein möglichst reibungsloses, fruchtbares Zusammenarbeiten aller Beteiligten zu fördern, ist es wichtig, daß der Lösungsweg von allen verstanden und akzeptiert wird. Darüberhinaus muß die über das Problem bestehende Information weitgehend allgemein zugänglich sein:

Einerseits kann langwieriges Spekulieren und Abschätzen von Vermutungen durch schnell ausführbare Analysenverfahren kurzfristig obsolet werden.

Andererseits können unter Umständen arbeitsreiche und mühevollen Analysenverfahren – und damit auch Kosten – eliminiert werden, wenn eine saubere Problemanalyse durchgeführt wird und plausible, detaillierte Hypothesen formuliert werden, die möglicherweise direkt – d.h. ohne Bemühung von Laborpersonal – zum Konzept und zur Lösung führen.

Eine genauere Beschreibung des eben vorgestellten Lösungsschemas ist daher angezeigt.

3. Vom Problem zur Hypothese

3.1 Das Problem

Zunächst geht es also darum, das Problem möglichst gut zu beschreiben und zu verstehen. Das Sammeln der Information wird durch ein systematisches Vorgehen erleichtert.

In den meisten Fällen ist es angezeigt, das Problem zu zergliedern, um so für Übersichtlichkeit zu sorgen. Im vorliegenden Beispiel würde das – aufgeteilt nach den normalerweise sinnvollen Untereinheiten: Elemente, Verknüpfungen, Prozesse – beispielsweise so aussehen (Tabelle 1):

Tabelle 1. Beispiel für das Strukturieren des Problems: „Nicht abbindender Beton"

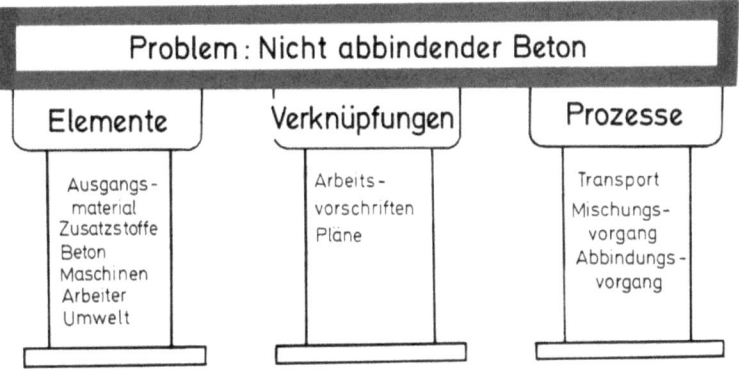

Wann? – Viele Phänomene kommen nur bei einer bestimmten – oft wiederkehrenden – Konstellation von Ereignissen vor: über Mittag, am Montag, im Sommer. Häufiger als solchen Schwankungen begegnet man in der Praxis der Tatsache, daß das Phänomen seit einem bestimmten Zeitpunkt besteht. Hier sind diejenigen Ereignisse von besonderem Interesse, die unmittelbar vor diesem Zeitpunkt eingetreten sind: Neue Charge Ausgangspunkt (wie im Falle des New Yorker Bauprojekts)? Neues Personal?

Wieviel? – Hier ist das Ausmaß des zu klärenden Phänomens zu charakterisieren und wenn immer möglich auch das Ausmaß bestimmter Teilstrukturen.

Oft geht es darum, eine Abweichung von einer erwarteten Situation zu beurteilen: Der Beton darf nur eine bestimmte Menge Verzögerungszusätze enthalten, Stahl nur eine bestimmte Menge Kohlenstoff, Tabletten müssen einen bestimmten Wirkstoffgehalt aufweisen, der Blutzuckerspiegel darf nur innerhalb bestimmter Grenzen schwanken.
Bei Verdacht auf Abweichungen von der Norm hat man es mit zwei Systemen zu tun: dem Ist-System, in dem die Anomalität zu suchen ist und dem Soll-System, wie es normalerweise vorliegt. Über beide Systeme ist in diesem Fall die Information zu sammeln. Besonders aufschlußreich sind dabei Dinge und Tatsachen, die in den beiden Systemen verschieden sind.
Das Auffinden zweckdienlicher Information wird erleichtert, wenn man von einer Verdachtsdiagnose, einer Vermutung über mögliche Ursachen ausgeht. Durch dieses Vorgehen sollte man sich aber nicht zu früh verleiten lassen, die Problematik nur aus einem Blickwinkel zu sehen.

3.2 Die Hypothesen

Das Aufstellen von Hypothesen ist ein kreativer Akt, dem – darauf ist schon hingewiesen worden – eine entscheidende Bedeutung zukommt.
Sie bauen auf der genauen Problembeschreibung auf. Die Erfahrung lehrt, daß die Hypothesen umso zutreffender sind, je mehr über die Problematik bekannt ist.
Die Suche nach plausiblen Hypothesen kann mit verschiedenen Hilfsmitteln erleichtert werden.

Erfahrung

In der Praxis wird oft auf die Erfahrung zurückgegriffen, ein etwas schillerndes, nicht ganz logisches, aber praktikables Vorgehen, das die in längerem Umgang mit solchen Systemen empirisch gefundenen Regeln zum Tragen bringt.

Intuition

Manchmal ist auch eine gehörige Portion Phantasie und Intuition behilflich, um eine mögliche Erklärung chemischer Verhaltensweisen zu finden. Die Intuition ist dem menschlichen Willen nicht unterworfen, sie stellt sich oft nach intensivem Studium einer Problemsituation ein. Sie wird gefördert durch „Brainstorming".

Brainstorming

Brainstorming ist eine Gruppenaktivität, die darauf abzielt, die Kreativität der Mitglieder zu fördern. Vom Einzelnen werden Lösungsmöglichkeiten — ohne vorheriges, tiefgründiges Studieren — vorgebracht, die bei anderen Mitgliedern Assoziationen hervorrufen sollen, die zu weiterentwickelten bzw. neuen Lösungsmöglichkeiten führen. Wichtig ist, daß man den Ideen freien Lauf läßt und abwertende Bemerkungen unterläßt. Das Gremium soll klein, kompetent und heterogen sein, z.B. Biologe, Statistiker und Chemiker ergänzt durch einen Protokollführer.

Morphologie

Die morphologischen Studien gehören zu den systematischen Suchstrategien zum Auffinden von Lösungsalternativen. Sie gehen vom möglichst weitgehend zergliederten Problem aus, verallgemeinern die Phänomene und suchen nach strukturellen Beziehungen.

Vorproben

Helfen solche Methoden allein nicht weiter, so kann auf das Rezept der Vorproben zurückgegriffen werden. Auf Grund vager Vermutungen wird versucht, mittels unaufwendiger, orientierender Analysenverfahren Anhaltspunkte für das Aufstellen einer sinnvollen Hypothese zu finden. Dieses Vorgehen läuft darauf hinaus, daß der Kreislauf zur Gewinnung chemischer Information in iterativen, immer mehr ins Detail gehenden Schritten durchlaufen wird.

Modelle

Ist das System zu unübersichtlich, um mit den angegebenen Methoden zu einer plausiblen Hypothese zu kommen (oder um die Gültigkeit einer Hypothese zu testen), so kann das System in einem übersichtlichen Modell nachgebildet werden. Das Modell soll alle wesentlichen Zusammenhänge des Gesamtsystems abbilden bzw. nachahmen. Gegebenenfalls muß es auch in mehreren iterativen Schritten gewonnen werden. Es muß hierzu jedoch angemerkt werden, daß dieser in der Physik so dankbare Weg in der Chemie und erst recht in der Biologie eher dornenreich ist, da hier die Zusammenhänge nicht so gut verstanden werden.
Auf vielen Gebieten der chemischen Analytik kommt man jedoch um Modelle nicht herum: Über die chemische Reaktivität, gegebenenfalls über die sterische Hinderung läßt sich anhand von Strukturformeln oder Kalottenmodellen in vielen Fällen eine Aussage machen. Zur Prüfung der Wirksamkeit

und Güte von Pharmaka wird der Mensch weitgehend durch Laboratoriumstiere ersetzt, um zu einer genügend fundierten Hypothese zu kommen.

3.3 Prüfung von Hypothesen

Die gefundenen Hypothesen müssen nun auf Plausibilität geprüft werden. In der Betonaffäre war eine Hypothese: „Der Beton ist falsch gemischt worden, er enthält zuviel Verzögerungszusatz".
Man wird sich gefragt haben: „Wer hat den Beton gemischt? ", „Hat dieser Mann schon öfters den Beton gemischt? ", „Ist er generell zuverlässig?".

Mit solchen und ähnlichen Fragen wird man zusätzliche, zielgerichtete Informationen über das Problem einholen. Ein großer Teil der Hypothesen wird auf Grund solcher Informationen verworfen werden können. Im günstigsten Fall verbleibt eine einzige, die alle Phänomene erklärt. Diese führt dann zum Konzept, nach dem das Problem zu lösen ist. Aufwendiges Experimentieren wurde umgangen.
Ist das nicht der Fall, so müssen Untersuchungen angestellt werden, die es erlauben, die Richtigkeit der Hypothesen abzuschätzen. Einige sind chemischer Art, sie müssen als chemisch-analytische Fragestellungen formuliert werden.

4. Die chemisch-analytischen Fragestellungen

Die Vielfalt möglicher chemisch-analytischer Fragestellungen ist wiederum beeindruckend, vor allem wenn man bedenkt, daß sie sich auf die verschiedensten Stoffe und Prozesse beziehen. Typische Stoffklassen sind: Arzneimittel, Bauhilfsstoffe, Gerät, Böden, Eiweiße, Erze, Farbstoffe, Gesteine, Gewebe, Kunstdünger, Legierungen, Mineralien, Münzen, Reinigungsmittel, Schädlingsbekämpfungsmittel, Textilien, Urin.
Typische Prozesse sind: Alterung, Diffusion, Färbeprozesse, Krankheit, Produktionsprozesse, Resorption, Schmelzen, Stoffwechsel, Synthesen, Verhalten, Wachstum.
Auf den ersten Blick sieht es nun so aus, als hätten die formulierbaren Fragen bezüglich der vielen Stoffe und Prozesse nichts miteinander zu tun.
Verallgemeinernd kann man aber davon ausgehen, daß alle stofflichen Systeme über welche eine chemische Information gewonnen werden soll, aus einzelnen Komponenten bestehen, die in einer bestimmten Weise koordiniert sind.
Diese These ist in Abb. 2 skizziert:

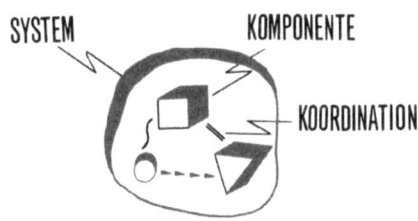

Abb. 2. Chemisch-analytisch zu beurteilende Systeme bestehen aus Komponenten und deren Koordination

Die *Komponenten* können beispielsweise Atomkerne, Elektronen oder ganze Atome sein. Es können auch einfache Moleküle oder komplizierter aufgebaute Makromoleküle, wie Eiweiße oder Nukleinsäuren sein. Schlußendlich können die Systeme noch komplexer organisiert sein und sich ihrerseits aus komplizierten Komponenten zusammensetzen: aus Zelluntereinheiten, wie Mitochondrien, Blasten, Zellkernen oder auch aus intakten Zellen.
Ähnlich vielfältig wie die Komponenten sind auch die *Koordinationen*. Sie beschreiben die räumliche Anordnung und die gegenseitige Beeinflussung der Komponenten.

In Systemen niederer Komplexität beschreibt die Konstitution die für einen Stoff charakteristische Anordnung der Atome oder Atomgruppen in den Molekülen. So charakterisiert die Strukturformel z.b. von Essigsäure, welche Atome miteinander enge Wechselwirkungen haben.

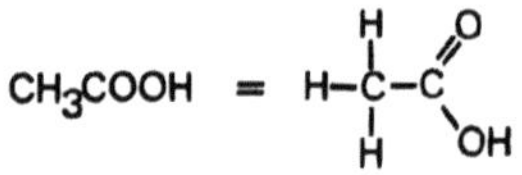

$$CH_3COOH = H-\underset{H}{\overset{H}{C}}-C\underset{OH}{\overset{O}{\diagdown}}$$

Abb. 3. Beispiele für verschiedene Strukturformeln von Essigsäure

Die *Konfiguration* berücksichtigt zusätzlich die relative Lage von solchen Atomen oder Atomgruppen um ein Zentralatom. Sie charakterisiert beispielsweise den Unterschied zwischen (+)-Alanin und (−)-Alanin, zwei Verbindungen mit gleicher Konstitution, aber verschiedener Konfiguration oder anders ausgedrückt: zwei Verbindungen mit gleicher Zusammensetzung, gleicher Verknüpfungsart der Komponenten aber verschiedener geometrischer Anordnung.

In höher organisierten Systemen (beispielsweise Eiweißen) unterscheidet man Primär-, Sekundär-, Tertiär- und Quartärstrukturen. Die Primärstruktur beschreibt die Konstitution der einzelnen Aminosäuren und deren fadenförmige Verknüpfung. Die Sekundärstruktur beschreibt die räumliche Anordnung der Polypeptidketten, z.B. die Helixform. Die Tertiärstruktur berücksichtigt die räumliche Anordnung solcher Helices − im übertragenen Sinn die Form der Verknotung von helixförmig verzwirnten Fäden. Die Quartärstruktur schließlich beschreibt die gegenseitige Lage solcher Tertiärstrukturen in Eiweißen, z.B. der vier Untereinheiten im Hämoglobin.

Die Koordination in noch höher organisierten Systemen, wie die Art der Koordination von Antigen und Antikörper, der Aufbau von Zellmembranen, Zelluntereinheiten und intakten Zellen, liegt noch weitgehend im Dunkel.

So verschieden wie die geometrischen Anordnungen sind die ihnen zugrunde liegenden elektrostatischen Kräfte. Zweckmäßigerweise werden grob unterschieden:

− Kernkräfte, welche für den Aufbau von Atomen aus Kernen und Elektronen verantwortlich sind.
− Valenzkräfte, welche die recht verschiedenartigen Wechselwirkungen von Elektronen unterschiedlicher Art ergeben und so zu Molekülen führen.
− Inter- und intra-molekulare Kräfte − weniger stark, aber ebenso vielfältig − sind der Grund für die Faltung und Aggregation von Molekülen, insbesondere von Makromolekülen.

Nach dieser Systematik zu den Fragestellungen lassen sich insgesamt vier Fragen formulieren. Drei beziehen sich auf die Art und Menge der zu untersuchenden Stoffe, nämlich: Was?, Wie? und Wieviel?. Eine zielt auf die Beschreibung von Prozessen ab, sie fragt zudem nach der zeitlichen Änderung, also Wann?.

4.1 Identität

Das Was? kann sich auf das gesamte System beziehen, es fragt dann nach der Identität eines Systems: Was für ein Stoff liegt vor.
So wurde in der New-Yorker Affäre gefragt: „Handelt es sich um normalen Beton?"

4.2 Qualitative Zusammensetzung

Das Was? kann auch bezüglich einer oder mehrerer Komponenten gefragt werden. Es werden dann Aussagen über die Identität von Komponenten bzw. Aussagen über die qualitative Zusammensetzung von Systemen verlangt.
„Aus was besteht der nicht abbindende Beton?" Hier wurde nach der qualitativen Zusammensetzung gefragt.

4.3 Quantitative Zusammensetzung

Das Wieviel? will eine mengenmäßige Auskunft, die Konzentration von Komponenten, die quantitative Zusammensetzung von Systemen.
Im Beispiel wurde gefragt: „Wieviel der zugesetzten Verzögerungsmittel sind in der Betonmasse?", „Welche Konzentration an Schwermetallen enthält sie?".

4.4 Strukturen

Der nächste Fragenkomplex, das Wie?, bezieht sich auf die Wechselwirkungen der einzelnen Komponenten untereinander, also auf die Koordination. Es liegt auf der Hand, daß die Identität der Komponenten und die quantitative Zusammensetzung eines Systems weitgehend geklärt sein müssen, ehe die Klärung der gegenseitigen Beziehungen in Angriff genommen werden kann.
In unserem Beispiel wurde eine strukturelle Klärung nicht verlangt, da man lediglich an einer unmittelbaren Erklärung interessiert war, um anschließend den Bau zu vollenden. Die Struktur muß aber in diesem Beispiel eine entscheidende Rolle gespielt haben, denn das System „flüssiger Beton" wird

offenbar durch verhältnismäßig geringe Mengen Schwermetall so umstrukturiert, daß die normalerweise eintretende Reaktion nicht mehr abläuft.

4.5 Geschwindigkeiten

Das Wann? ist eine in der chemischen Analytik lange vernachlässigte Frage. Die meisten zur Untersuchung gelangenden Systeme sind einer zeitlichen Änderung unterworfen, welche oft den Grund für das zu klärende Phänomen darstellt.
So auch im vorliegenden Fall, in dem die Abbindungsgeschwindigkeit des Betons das Problem darstellt.
Soweit die Diskussion über die möglichen Fragestellungen. Welche Art sinnvoll ist, das kommt auf die Art der aufgestellten Hypothesen an. Das Vorgehen wird im folgenden erörtert.

5. Transformation der Hypothesen in Fragestellungen

Ziel der Transformation ist es, die analytischen Fragestellungen so zu stellen, daß die Antworten uns befähigen, bestimmte Hypothesen als unzutreffend einzustufen, bzw. die Wahrscheinlichkeit des Zutreffens von anderen entscheidend zu erhöhen.
Auf der anderen Seite müssen die Fragen so formuliert werden, daß sie mit möglichst geringem Aufwand beantwortet werden können. Es gilt die Faustregel, daß qualitative Untersuchungen weniger aufwendig sind, als quantitative und diese wiederum weniger aufwendig sind, als Abklärungen bezüglich der Geschwindigkeit und der Struktur.
Generell muß im Hinblick auf die Durchführung der Analyse spezifiziert werden, auf was im besonderen Maße zu achten ist. So kann später entschieden werden, ob es sich um eine Spurenanalyse, eine Präzisionsanalyse, eine orientierende Analyse, eine Vorprobe oder eine Notfallanalyse handelt.
Schlußendlich muß die Frage selbst präzis gestellt werden, beispielsweise sollte: „Wieviel Verzögerungszusätze enthält der Beton?", präzisiert werden zu: „Enthält der Beton mehr als normale Konzentrationen an Polysacchariden und Lignosulfaten?".

5.1 Prüfung der Fragestellung

Analog zur Plausibilitätsprüfung der Hypothesen müssen die analytischen Fragestellungen auch bezüglich ihrer Relevanz beurteilt werden. Es gilt grundsätzlich zu klären, ob die Beantwortung der Frage die Hypothese tatsächlich widerlegen bzw. in entscheidenden Punkten stützen kann.
Bei Bejahung muß abgeschätzt werden, ob die Beantwortung von der praktischen Seite her gelöst werden kann, ob kostengünstigere Möglichkeiten bestehen, ob die Antwort fristgerecht erwartet werden kann.

6. Das Analysenverfahren

Zur Beantwortung der analytischen Fragestellungen, dem Was?, Wieviel?, Wie? und Wann? müssen geeignete analytische Verfahren gefunden werden.
Die Planung und Entwicklung neuer, die Adaptation oder Modifizierung bestehender Verfahren ist oft die interessanteste Aufgabe für den Analytiker.
Mit der Kombinationsgabe eines Sherlock Holmes, mit der Kreativität eines Thomas Edison, mit der Phantasie eines Jules Verne und der logischen Exaktheit eines Emanuel Kant werden mögliche Verfahren geplant, getestet und beurteilt.
Nach welchen Prinzipien wird hier vorgegangen? Wie kann Auskunft über die Identität von Systemen oder Komponenten, über die quantitative Zusammensetzung und die Verknüpfungsart von Komponenten in chemischen Systemen erhalten werden? *Indem die Systeme mit einem Agens gestört werden!* Das Vorgehen ist in Abb. 4 schematisch dargestellt.

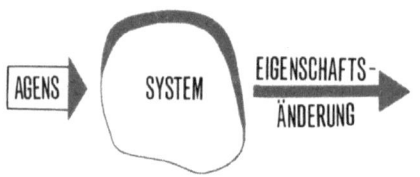

Abb. 4. Die Einwirkung eines Agens auf ein chemisch-analytisch zu beurteilendes System bewirkt Eigenschaftsänderungen

Die Wechselwirkung geeigneter Agenzien mit dem gesamten System, mit einzelnen Komponenten oder mit Koordinationskräften bedingt, daß ein umgeordnetes System entsteht, was durch Eigenschaftsänderungen beobachtbar wird. Art und Ausmaß der Eigenschaftsänderungen können als Information-liefernde Signale registriert und interpretiert werden.
Das Vorgehen der Informationsgewinnung wird zunächst zusammenhängend skizziert. Auf Einzelheiten wird in anschließenden Kapiteln näher eingegangen.
Die Agenzien können physikalische Parameter sein: Wärme, Licht, Strom, Spannung. Es können aber auch chemische Reagenzien sein: Säuren, Basen, Radikale, Farbstoffe, Antikörper, Enzyme, Pharmaka.
Die durch die Agenzien hervorgerufenen Eigenschaftsänderungen sind in einfachen Fällen direkt mit unseren menschlichen Sensoren wahrnehmbar:

Niederschläge, Farbänderungen, Verhaltensformen. Es können aber — und das ist in zunehmendem Ausmaß der Fall — auch Änderungen sein, die mit speziellen Instrumenten erfaßt werden müssen: Lichtabsorption im ultravioletten und infraroten Bereich, Leitfähigkeit, Viskosität, Herztöne, Gehirnströme.

In der Analysenvorschrift ist spezifiziert, welche Agenzien für den speziellen Zweck geeignet sind, auf welche Art und Weise das Agens einwirken soll, mit welchen Instrumenten und Geräten die Analysenprozedur durchgeführt werden soll und welche Beobachtungen anzustellen sind, bzw. welche Signale registriert werden sollen.

Die Instrumente können einfache, die Ausführung der Manipulationen erleichternde oder präzisierende Geräte oder auch Automaten sein, welche die in der Analysenvorschrift angegebenen Operationen mehr oder weniger selbsttätig ausführen.

Das organisatorische Vorgehen zum Gewinnen der in der analytischen Fragestellung geforderten Information — bzw. zur Formulierung des Konzepts gemäß dem das Problem zu lösen ist — ist für den allgemeinen Fall in Abb. 5 schematisch dargestellt.

Damit die im Verlauf der Analysenprozedur gewonnenen Signale — im speziellen Fall Meßwerte bzw. Ergebnisse — bezüglich der analytischen Fragestellung interpretiert werden können, müssen sie mit Signalen verglichen werden, die bei der analogen Untersuchung eines hinlänglich bekannten *Referenzsystems* (Standard) erhalten wurden. Der Vergleich führt im Normalfall zu gut kommunizierbaren Resultaten: Mengen, Aktivitäten, Konzentrationen.

Verlangt die Erhärtung oder das Widerlegen der Hypothesen einen Ist/Soll-Vergleich, so muß zusätzlich noch ein geeignetes *Vergleichssystem* analysiert werden. Zur Verdeutlichung: Um zu wissen, ob zuviel Verzögerungszusätze in den Beton gelangten, muß bekannt sein, wieviel Verzögerungszusätze normalerweise enthalten sind. Um zu wissen, ob eine Apfelsorte viel Pektin enthält, muß bekannt sein, wieviel Pektin normalerweise in Äpfeln enthalten ist. Um schlußendlich zu beurteilen, ob eine diabetische Stoffwechsellage vorliegt — d.h. ob zuviel Glukose im Blut ist — muß herausgefunden werden, wieviel Glukose normalerweise im Blut ist.

Die Ergebnisse der Analyse des Vergleichssystems müssen ebenfalls mit den Ergebnissen des Referenzsystems verglichen und zu Resultaten umgeformt werden.

Die Aussage der gewonnenen Resultate wird jedoch erst tragfähig, wenn eine *Fehlerbetrachtung* angestellt wird. Wie gut sind die Resultate? Außer den bei der Durchführung der Labormanipulation gemachten Fehlern, gehen in das Ergebnis auch diejenigen Fehler ein, die bereits bei der *Probenahme* gemacht worden sind.

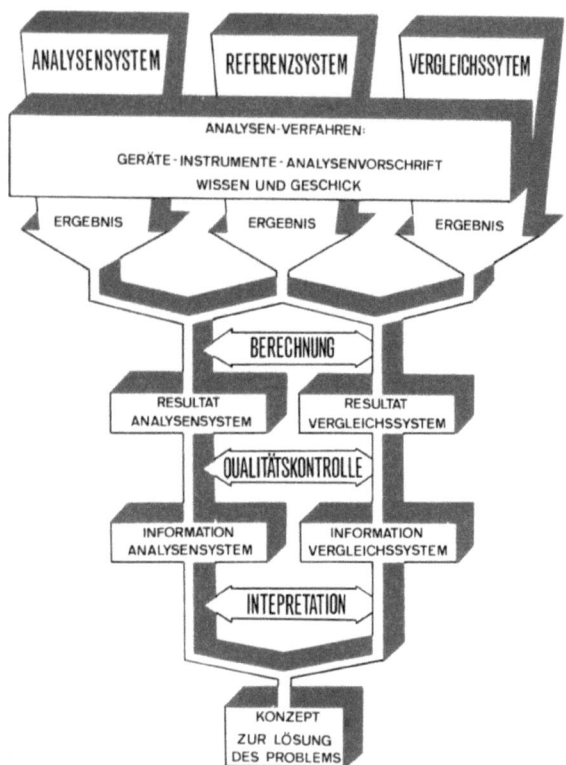

Abb. 5. Schematisierter Prozeß, um von den zur Untersuchung gelangenden chemischen Systemen über Resultate und Informationen zum Konzept zu gelangen, nach welchem das Problem zu lösen ist

Das mit Gütekriterien aus der Fehlerbetrachtung versehene Resultat stellt *eine interpretierbare Information* dar, sie ist die Antwort auf die analytische Frage.
Anhand dieser Information wird die Gültigkeit der Hypothese beurteilt. Im günstigsten Fall wird die Hypothese zu einem Konzept umformuliert werden können, welches ein zielgerichtetes Vorgehen zum Lösen des Problems erlaubt.
Auf die in diesem Kapitel skizzierten Zusammenhänge bzw. das in Abb. 5 dargestellte Schema wird – wie bereits erwähnt – in den folgenden Abschnitten näher einzugehen sein:
Welche Kriterien muß eine Analysenvorschrift erfüllen?
Wie sucht man Analysenverfahren?

Wie entnimmt man dem zu untersuchenden Analysensystem und dem Vergleichssystem die notwendigen Proben?
Welche Art Referenzsystem ist für die gegebene Fragestellung günstig?
Das sind Fragen, die zunächst behandelt werden. Die verschiedenen Aspekte der Instrumentation folgen. Sodann werden wir Ausbildungsprobleme streifen, auf die zur Verfügung stehenden Kontrollverfahren eingehen und schließlich die Möglichkeiten der Interpretationen aufzeigen.

7. Gütekriterien der Analysenvorschrift

Von zentraler Bedeutung ist die Analysenvorschrift. Hier sind die Operationen beschrieben, welche notwendig sind, um das Agens auf das zu untersuchende System in gezielter Weise einwirken zu lassen bzw. um das System in eine geeignete Form zu bringen.

Ziel der Analysenvorschrift ist es, Manipulationen zu spezifizieren, die eine möglichst eindeutige Korrelation zwischen Art und Menge der Komponenten bzw. Art und Intensität der Koordination einerseits und Art und Ausmaß der resultierenden Signale andererseits erlauben. Nur so können richtige, zuverlässige und aussagekräftige Resultate erhalten werden.

Es liegt auf der Hand, daß das Aufstellen einer guten Analysenvorschrift schwierig ist.

Zwei *Fehlerarten* sind bei der Beurteilung von Analysenvorschriften zu beachten: Zufällige Fehler und systematische Fehler. Zum besseren Verständnis ein etwas hinkendes, dafür aber allgemein verständliches und oft zitiertes Beispiel:

In Abb. 6 ist eine Zielscheibe mit beträchtlich streuenden, rund um das Zentrum der Scheibe gelegenen Einschüssen dargestellt. Diese Art Streuung ist charakteristisch für Resultate, die mit zufälligen Fehlern behaftet sind.

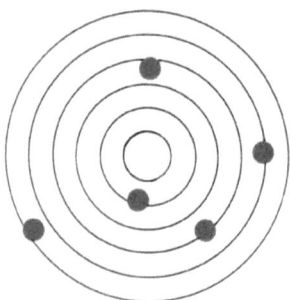

Abb. 6. Die Einschüsse auf der Zielscheibe demonstrieren eine geringe Präzision

Übertragen auf die Analysenvorschrift haben zufällige Fehler die Eigenschaft, daß sie nicht in einer bevorzugten Richtung auftreten, sondern sowohl zu hohe, als auch zu niedrige Resultate erzeugen.

Die „International Union of Pure and Applied Chemistry" (IUPAC) empfiehlt zur Beschreibung zufälliger Fehler den Ausdruck „Precision", was mit „Präzision" zu übersetzen wäre. *Die Präzision* charakterisiert die Streuung der Resultate, wenn die in der Analysenvorschrift spezifizierte Prozedur mehrmals auf eine Probe angewendet wird.

Hier sei auf einen wichtigen Umstand hingewiesen: Bei sachgemäßer Auswertung können Resultate niederer Präzision, also Resultate mit hohen zufälligen Fehlern, niemals zu einer falschen Information über das Analysensystem führen. Im obigen Modell läßt sich über die Summe der Einschüsse durchaus eine mehr oder weniger zuverlässige Aussage über das Zentrum der Zielscheibe machen.

Mit steigender Streuung sinkt aber der in den Resultaten enthaltene Informationsgehalt, er wird durch zufällige Fehler verwässert und unter ungünstigen Umständen kann dies dazu führen, daß keine Interpretation mehr möglich ist. Der Informationsgehalt kann aber durch genügend häufige *Wiederholung des Experimentes* soweit gehoben werden, daß eine Interpretation möglich wird.

Viel gravierender wirken sich *systematische Fehler* aus. Diese haben — im Gegensatz zu den zufälligen Fehlern — die unangenehme Eigenschaft, daß sie die Resultate in eine bestimmte bevorzugte Richtung verändern und damit verfälschen.

Für den Unterschied des mit dem systematischen Fehler behafteten Resultats und dem wahren Wert empfiehlt die IUPAC den Ausdruck „Accuracy", was im deutschen Sprachgebrauch der *„Genauigkeit"* — bei manchen Autoren auch „Richtigkeit" — entspricht.

Auf die Zielscheibe übertragen, liefert eine Vorschrift hoher Präzision aber niederer Genauigkeit nahe beieinander, aber außerhalb des Zentrums liegende Einschüsse (Abb. 7).

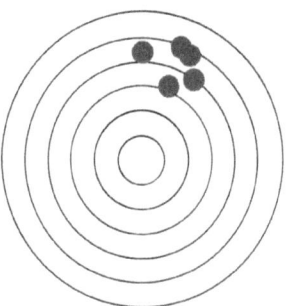

Abb. 7. Die Einschüsse auf der Zielscheibe demonstrieren hohe Präzision aber niedere Genauigkeit

Die durch systematische Fehler zustande gekommene Verfälschung der Resultate *kann durch keine noch so große Anzahl von Wiederholungen verringert werden.* Auf die Genauigkeit wird daher im folgenden noch ein besonderes Augenmerk zu legen sein.

7.1 Genauigkeit

Die Beurteilung der Genauigkeit fußt auf zwei unterschiedlichen Teilaspekten. Eine der Ursachen für mangelnde Genauigkeit ist mangelnde Selektivität.

Die Selektivität ist das Ausmaß, mit dem das aus dem Analysenverfahren resultierende Signal spezifisch auf die zu beurteilende Komponente bzw. Koordination zurückzuführen ist. Negativ ausgedrückt: Der Grad mit dem andere, nicht in der Fragestellung enthaltene Umstände auch das Signal beeinflussen. Es ist hier zu bedenken, daß es keine – wie im Laborjargon oft fälschlicherweise formuliert – absolut selektiven Analysenverfahren gibt, sondern daß der Selektivitätsgrad Ausdruck einer wechselseitigen Beziehung zwischen Analysenverfahren und der untersuchten Probe bzw. dem untersuchten Probenkollektiv ist: Probe und Analysenverfahren müssen zueinander passen, wie der Schlüssel und das Schloß.
Der zweite Teilaspekt bezieht sich auf das später zu beschreibende Referenzsystem. Die *Auswahl des Referenzsystems* muß nämlich so getroffen werden, daß sich Probe und Referenzsystem gegenüber dem gewählten Agens in analoger Weise verhalten. Identische Komponenten müssen – unabhängig davon, ob sie in der Probe oder im Referenzsystem enthalten sind – identische, ihrer Konzentration entsprechend intensive Signale geben: Referenzsystem und Probe müssen ähnlich sein. Ist das nicht der Fall, so werden verschiedene Dinge miteinander verglichen, was zwangsläufig zu einer falschen Information führt.

Selektivität

Der einfachste Weg, ein meßbares, selektives Signal zu erhalten, d.h. Störungen seitens der Begleitsubstanzen, der Matrix, zu umgehen, besteht in der Auswahl eines bezüglich der gegebenen Probe selektiven Meßverfahrens. Zum besseren Verständnis der Problematik sei eine Reihe von Beispielen gegeben:

Photometrie

Eine gute Chance besteht hier bei den verschiedenen spektrophotometrischen Meßverfahren. Sie beruhen darauf, daß Systeme oder ein Teil ihrer

Komponenten elektromagnetische Strahlung bestimmter Wellenlänge absorbieren. Die Energie wird in der Folge wieder abgegeben, in einigen Fällen als Licht.
Als Signal wird entweder die aufgenommene Energie (Absorptionsmessung) oder die wieder abgegebene Energie (Fluoreszenz- oder Emissionsmessung) ausgewertet. Eine Darstellung der Energieabsorption bzw. Emission in Funktion der Wellenlänge wird als Spektrum bezeichnet.
Atome ergeben sogenannte *Linienspektren,* d.h. die Aufnahme und Abgabe von Energie geschieht nur bei wenigen Wellenlängen. Da die isoliert liegenden Linien bei geeigneten Versuchsbedingungen auch durch andere Atome nicht wesentlich beeinflußt werden, ist mit diesem Prinzip eine hohe Selektivität zu erwarten. Allgemein ausgedrückt: Die Selektivität ist hoch, wenn isolierte, einander nicht beeinflussende Signale vorliegen.
Es gibt eine Reihe von Routineverfahren, die auf dem Ausmessen von Linienspektren beruhen. Am verbreitesten ist die Flammenphotometrie: die Atome werden in einer Flamme angeregt, gemessen wird die ausgestrahlte Energie bei entsprechenden Wellenlängen. Verwandt ist die Atomabsorption, die – z.B. durch Zerstäuben in die Flamme erzeugten – Atome absorbieren einen Teil des eingestrahlten Lichts. – Dieses Verfahren wurde im Beispiel zum Bestimmen der Schwermetalle Blei und Zink eingesetzt –. Apparativ aufwendiger ist die Röntgenfluoreszenz. Die eingestrahlten Röntgenstrahlen werden je nach vorliegenden Atomen wieder langwelliger abgestrahlt und gemessen. (Dieses Verfahren wurde zum qualitativen Nachweis und zur halbquantitativen Bestimmung von Blei und Zink im Beton eingesetzt).
Bei *Bandenspektren,* wie sie durch Lichtabsorption von Molekülen erhalten werden, ist die zu erwartende Selektivität geringer. Moleküle nehmen Energie verschiedenster Wellenlänge innerhalb eines ganzen Bereiches auf und geben sie unter Umständen auch so wieder ab. Die einzelnen Linien liegen so nahe beieinander, daß sie im Spektrum zu Banden verschmelzen.
Im Bereiche der Ultraviolett-Spektroskopie, Kolorimetrie und Infrarot-Spektroskopie werden die entsprechenden Banden unter Umständen durch diejenigen anderer Konstituenten eines Systems additiv überlagert. Liegen nur wenige bekannte absorbierende Partikel vor, so können die einzelnen Spektren durch größeren Rechenaufwand auseinander gerechnet werden. Lage und Form der Banden können aber auch durch Wechselwirkungen der einzelnen Konstituenten verändert werden. Die Selektivität der Meßverfahren sinkt dadurch erheblich. Gegebenenfalls können solche Verschiebungen zur Strukturbestimmung herangezogen werden. Bei komplexeren Systemen aus mehreren absorbierenden Partikeln können die spektroskopischen Verfahren nicht mehr direkt eingesetzt werden. In diesem Fall muß eine selektivitäthebende Operation vorgeschaltet werden. Diese hat zum Ziel, den Einfluß der störenden Matrix oder die Matrix selber zu entfernen.

Zwei voneinander unabhängige Lösungswege stehen zur Verfügung: Entweder gelangt man über eine chemische Umsetzung zum Ziel oder durch die Isolierung der zu beurteilenden Komponente mittels einer physikalischen Trennoperation.

Chemische Umsetzungen

Elimination der störenden Matrix. Beim Einsatz chemischer Reaktionen kann es darum gehen, die störenden Komponenten zu eliminieren. Handelt es sich hierbei um eine selektive Reaktion, so spricht man von *Maskierung.* Auf diese Weise kann der Einfluß von Schwermetallen oft durch Komplexbildung beseitigt werden.
Für unspezifische Reaktionen, bei denen ein großer Teil des Systems zerstört wird, ist der Ausdruck „*Aufschluß*" geläufig. Typische Beispiele sind der Aufschluß von Mineralien zum Entfernen der Silikat-Matrix oder die Oxidation von organischem Material zum störungsfreien Nachweis anorganischer Bestandteile.

Nachweis- und Bestimmungsreaktionen. Weitaus häufiger wird die interessierende Komponente zur Reaktion gebracht, um so interpretierbare Eigenschaftsänderungen zu erhalten. Für spektroskopische Methoden muß das Reaktionsprodukt lediglich andere Absorptions- oder Emissionseigenschaften aufweisen, als die zu bestimmende Komponente. Normalerweise wird die Reaktion so geplant, daß das Reaktionsprodukt langwelliger absorbiert als die Komponente *(Farbreaktion).* Im Idealfall wird die Absorptionsbande in ein Gebiet verschoben, in dem das System keine Absorption mehr aufweist. Unter Umständen kann eine geringgradige, von Begleitsubstanzen oder aus dem Reagenz herrührende Grundabsorption separat gemessen und rechnerisch oder meßtechnisch als sogenannter *Leerwert* in Abzug gebracht werden.

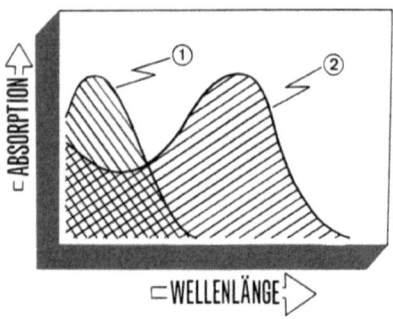

Abb. 8. Hebung der Selektivität durch chemische Reaktion
(1) Spektrum des Gesamtsystems
(2) Spektrum einer Komponente nach Reaktion

Das indirekte Verfahren, in diesem Fall wird ein langwellig absorbierendes Reagenz durch eine – oder möglicherweise auch mehrere – Komponente(n) des Systems entfärbt, hat einen niederen Selektivitätsgrad und wird weniger häufig eingesetzt.

Je komplexer das zu untersuchende System ist, je mehr verschiedenartige Komponenten es enthält, desto höher muß der *Selektivitätsgrad* der verwendeten Reaktion sein. Der Selektivitätsgrad ist sehr hoch, wenn die zur chemischen Umsetzung führenden Wechselwirkungen der Reaktionspartner an mehreren verschiedenen Orten gleichzeitig auftreten müssen. Ein solcher Mechanismus liegt bei der *Enzymkatalyse* und bei *Antigen-Antikörperreaktionen* vor. Diese beiden Reaktionstypen eignen sich daher besonders gut, um Konstituenten biologischen Materials mit hohem Selektivitätsgrad zu bestimmen. Für niedermolekulare Verbindungen eignet sich die enzymkatalysierte Umsetzung. Als Beispiel mag die Bestimmung von Glukose in Serum durch Glukoseoxidase dienen. Für hochmolekulare Verbindungen, namentlich Proteine, eignen sich Antigen-Antikörperreaktionen, beispielsweise zur Bestimmung von Insulin im Blut.

Es bestehen folgende Abhängigkeiten: Bei hochgradiger Selektivität der Reaktion – in diesem Fall sind die Eigenschaftsänderungen zum weitaus überwiegenden Teil auf die Reaktion zwischen Komponente und Reagenz zurückzuführen – darf das photometrische Meßverfahren einen niederen Selektivitätsgrad aufweisen. Ein niederer Selektivitätsgrad der chemischen Umsetzung kann durch die Wahl einer günstigen Meßwellenlänge unter Umständen kompensiert werden.

Titrimetrie

Geht es darum, in Systemen niederer Komplexität quantitative Bestimmungen durchzuführen, so eignen sich titrimetrische Verfahren oft besser. Hier interessiert nicht das Reaktionsprodukt, sondern *der Umsetzungsgrad der Reaktion:* Nach Zusatz von wieviel Reagenz ist die Komponente vollkommen umgesetzt? Aus dem Verbrauch an Reagenz mit bekannter Konzentration kann auf die Menge der vorgelegten Komponente geschlossen werden. Die Selektivität dieser Verfahren ist weitgehendst durch die Selektivität der chemischen Umsetzung gegeben. Das Meßverfahren, welches den 100-prozentigen Umsatz indiziert, kann eine niedere Selektivität der Reaktion nicht wieder wettmachen.

Kinetische Meßverfahren

Eine dritte Möglichkeit, mittels chemischer Reaktion zu selektiven Aussagen über Komponenten zu kommen, liegt bei der Messung der *Reaktions-*

geschwindigkeit bzw. der Reaktionskinetik. Diese Meßtechnik ist in den letzten acht Jahren — auch apparativ — stark entwickelt worden.

Jede Nachweisreaktion läuft nach einer spezifischen Zeit/Umsatz-Kurve ab. Bei Neben- oder Folgereaktionen oder bei gleichzeitig ablaufenden Reaktionen chemisch ähnlicher Verbindungen wird diese Kurve charakteristisch gestört. Es ist verhältnismäßig einfach, den der eigentlichen Meßreaktion zukommenden Teil der Kurve rechnerisch oder meßtechnisch herauszufiltrieren und der Resultatberechnung zugrundezulegen. Der Nachteil dieser Meßverfahren ist, daß die Temperatur im Meßansatz peinlich genau eingehalten werden muß und daß die Meßwerte zu genau definierten Zeiten abgelesen werden müssen. Durch die Entwicklung entsprechend konzipierter Geräte sind die Schwierigkeiten jedoch gemeistert worden und der Einzug kinetischer Meßverfahren ins Routinelaboratorium ist in vollem Gange.

Kinetik nullter Ordnung. Am verbreitetsten ist das Messen der Kinetik nullter Ordnung. Dieser Reaktionstyp zeichnet sich dadurch aus, daß in gleichen Zeiten gleich viel umgesetzt wird, so daß die Zeit/Umsatz-Kurve eine Gerade ist. Laufen Neben- oder Folgereaktionen ab, oder verharrt der Meßansatz zunächst in einer Lag- bzw. Initialisierungsphase, so wird dies durch nichtlineare Teile der Zeit/Umsatz-Kurve angezeigt.

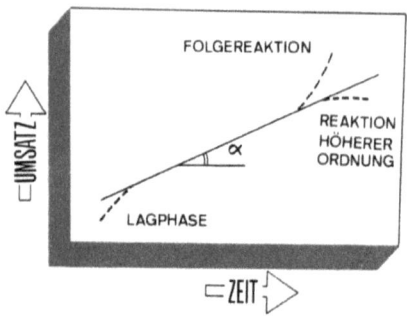

Abb. 9. Reaktion nullter Ordnung mit möglichen Störungen. Die gesuchte Konzentration ist dem Tangens α proportional

Die Reaktionskinetik nullter Ordnung wird bei der allgemeinen *Katalyse*, insbesondere aber bei der enzymatischen Katalyse gemessen. Im Idealfall ist die Reaktionsgeschwindigkeit proportional der gesuchten — die Reaktion katalysierende — Konzentration der Partikel.

Kinetik erster Ordnung. Bei der Reaktion kinetisch erster Ordnung wird in gleichen Zeiten nicht mehr absolut gleich viel, sondern *prozentual gleich viel*

umgesetzt. Der Vorteil dieses Reaktionstyps ist der, daß die Meßreaktion in einem Koordinatennetz logarithmische Umsatzdifferenz/Zeit nicht nur eine Gerade, sondern eine Gerade bestimmter Steigung ergibt.

Sowohl die Messung von Enzymaktivitäten, als auch das Messen von enzymatisch katalysierter Substratumsetzungen spielen in der klinischen Chemie/Toxikologie eine hervorragende Rolle.

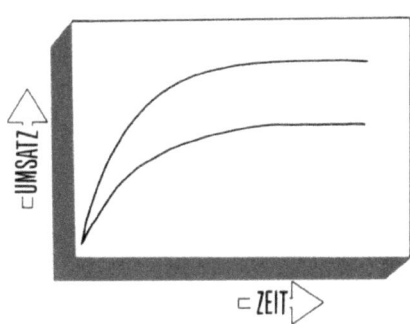

Abb. 10a. Reaktion erster Ordnung

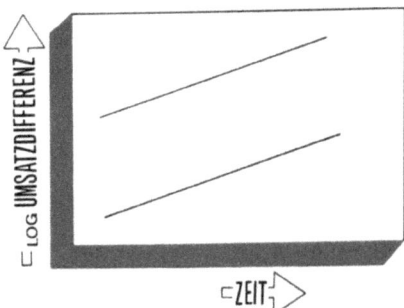

Abb. 10b. Reaktion erster Ordnung, die Steigung entspricht der Reaktionsgeschwindigkeitskonstanten. Die Lage der Geraden entspricht der Konzentration

Trennverfahren

Störungen lassen sich auch durch Auftrennen des zu untersuchenden Systems in verschiedene Untersysteme eliminieren. In vielen Fällen sind die Komponenten so schwach koordiniert, daß die die unterschiedlichen physikalischen Eigenschaften der Komponenten ausnutzenden Trennverfahren direkt eingesetzt werden können. Ist das nicht der Fall, so können die Koordinationen – möglichst mit selektiven Reaktionen – gebrochen werden. Schlußendlich können die Eigenschaften der zu trennenden Komponenten durch entsprechend ausgewählte Reaktionen in eine für das Trennverfahren günstige Form gebracht werden. Dies gilt insbesondere für Löslichkeit, Flüchtigkeit und Polarität der Komponenten.

Die zur Trennung der Komponenten benützten Verfahren sind äußerst vielfältig. Zum Abtrennen gröberer Teilchen – z.B. von Niederschlägen, unlöslichen Anteilen – aus einer Lösung eignet sich die *Filtration*. Bei Verwendung von Filtermaterial mit kleiner Porengröße können auch disperse oder gar kolloidal gelöste Stoffe aus einer Lösung entfernt werden. Für letztere Problematik eignet sich die *Dialyse* oft besser, insbesondere wenn es darum geht, Elektrolyte oder niedermolekulare – und somit kleine – Partikel aus Lösungen, die auch makromolekulare oder kolloidale Stoffe enthalten, abzutrennen.

Haben die Teilchen eine im Verhältnis zur Lösung hohe Dichte, so kann auch die *Zentrifugation* zu diesem Zweck eingesetzt werden. Hochleistungszentrifugen vermögen kolloidal gelöste Makromoleküle, vor allem Biopolymere wie Eiweiß, Stärke, Nukleinsäuren, entsprechend ihrem unterschiedlichen Molekulargewicht zu separieren.

Andere Verfahren zum Trennen solcher Makromoleküle sind *Gelchromatographie* und *Elektrophorese*.

Die Trennverfahren für Gemische aus niedermolekularen Verbindungen beruhen zum wesentlichen Teil darauf, daß sich solche Verbindungen zwischen zwei Phasen mit unterschiedlicher Konzentration verteilen.

Zum Abtrennen einer oder weniger Komponenten aus einigermaßen übersichtlichen Gemischen genügen Verfahren, wie *Destillation, Sublimation* oder *Extraktion*, in denen die zu trennenden Verbindungen nur ein oder wenige Male zwischen den jeweiligen Phasen verteilt werden. Sind mehrere Komponenten zu trennen, so müssen leistungsfähigere Verfahren mit entsprechend häufiger Wiederholung des Verteilungsvorganges eingesetzt werden. Am elegantesten gelingt dies mit chromatographischen Techniken.

Die chromatographischen Techniken zeichnen sich dadurch aus, daß eine der beiden Phasen (Gas oder Flüssigkeit) über die zweite (Flüssigkeit oder Festkörper) hinwegwandert. Die zu trennenden Verbindungen verteilen sich immer wieder zwischen den zwei Phasen und wandern so mehr oder weniger schnell als Zone in der beweglichen Phase mit. Dadurch wird ein kontinuierlicher Trennprozeß mit hoher Trennschärfe bewirkt.

Das Chromatogramm ist die Darstellung einer durchgeführten Trennung mit den Koordinaten Zeit einerseits und der Signalintensität eines die Konzentration messenden Detektorsystems andererseits.

Der Selektivitätsgrad chromatographischer Analysenverfahren kann wesentlich durch die Wahl des Detektors erhöht werden, so daß diese Verfahren nahezu universell für die selektive Bestimmung von niedermolekularen Verbindungen einsetzbar sind. Demzufolge haben sich diese Techniken auch in

vielen Laboratorien einen hervorragenden Platz erobern können, insbesondere die Gaschromatographie und neuerdings auch die Hochdruckflüssigkeitschromatographie (HPLC).
Die praktische Durchführung der einzelnen Techniken, ihre Leistungsfähigkeit und Grenzen sollen hier nicht behandelt werden. Sie sind in der Literatur eingehend behandelt worden. Im Houben-Weyl „Methoden der Organischen Chemie" (Georg Thieme/Stuttgart) werden in den ersten drei Bänden ausführliche praktische und theoretische Angaben über die gebräuchlichen Arbeitsmethoden, wie Dosieren, Stofftrennung, chromatographische Methoden und verschiedene Nachweisverfahren gemacht. Noch ausführlicher ist das von A. Weissberger herausgegebene elf-bändige Werk „Technique of Organic Chemistry" (Interscience Publishers). Weitere Handbücher sind: „Physikalisch-chemische Trenn- und Meßmethoden", E. Krell (Hrsg.), 16 Bde., Deutscher Verlag der Wissenschaften, Berlin und „Handbuch der analytischen Chemie", R. Fresenius und G. Jander (Hrsg.), Springer Verlag, Berlin. Darüber hinaus gibt es eine Fülle von Monographien über spezielle Techniken, die nach dem im folgenden Kapitel angegebenen Schlüssel aufgefunden werden können.
Bisher wurde aufgezeigt, wie ein niederer Selektivitätsgrad durch Elimination der Störung seitens der Matrix umgangen werden kann. Drei Möglichkeiten wurden diskutiert:
chemische Reaktion,
physikalische Trennmethoden und
mathematische Berechnung bei der Auswertung kinetischer Meßverfahren.
Dabei wurde auf die eingangs erwähnte Präzision nicht eingegangen. Das soll jetzt nachgeholt werden.

7.2 Präzision

Die Präzision einer Analysenprozedur kann als Wiederholbarkeit und als Reproduzierbarkeit ausgedrückt werden. Die Wiederholbarkeit charakterisiert die Schwankung von Signalen oder Konzentrationen bei unmittelbarer Wiederholung der Analysenprozedur. Für die Reproduzierbarkeit wird die *Wiederholung in größeren Zeitabständen* vorgenommen. Normalerweise fällt die Wiederholbarkeit von Analysenresultaten günstiger aus, als die Reproduzierbarkeit. Genügende Homogenität und Stabilität der untersuchten Probe vorausgesetzt, ist dies ein Hinweis für kurzfristig auftretende, systematische Fehler, die über einen längeren Zeitraum zu zufälligen Fehlern werden. Eine mangelnde Präzision ist auf die Empfindlichkeit der Operationen eines Analysenverfahrens gegenüber wechselnden Parametern zurückzuführen. Typische solche Parameter sind:

Konzentration, Reinheit und Alter von Reagenzien,
Temperatur, Zeit und Lichteinwirkung während der Operationen eines Analysenverfahrens oder das
Rauschen in Meßinstrumenten.
Als allgemeine Regel gilt, daß die Präzision mit der Komplexität eines Analysenverfahrens sinkt: *Je mehr Operationen, desto größer ist die Wahrscheinlichkeit, daß sich ein Fehler einschleicht.* Es ist daher die Aufgabe des Analytikers, möglichst wenige aber leistungsfähige Operationen zur Selektivitätshebung einzusetzen und entsprechend selektive Meßverfahren anderen vorzuziehen. Dies entspricht der Forderung nach *einfachen* Analysenverfahren.

Parameterunabhängige Versuchsbedingungen

Eine Verbesserung der Reproduzierbarkeit kann durch das Aufsuchen von Reaktions- oder Trennbedingungen erreicht werden, bei denen die entsprechende Laborgrundoperation parameter-unabhängig abläuft. So wird man bei Reaktionen den einen Reaktionspartner in großem Überschuß zugeben und die Mediumbedingungen wie Temperatur und pH so wählen, daß die Meßreaktion möglichst schnell, Neben- und Folgereaktionen dagegen nicht ablaufen. Man wird in Verfahren zur Konzentrationsbestimmung die Operation „Hinzupipettieren" auf ein Mindestmaß beschränken, nur kleine Mengen hinzupipettieren – so daß der Pipettierfehler im Verhältnis zur Gesamtmenge des Analysenansatzes klein ist, oder man wird vor der Konzentrationsmessung die Operation „Auffüllen auf Volumen" einsetzen, um die vorgängig gemachten Pipettierfehler nicht zur Auswirkung kommen zu lassen. Auf diese Techniken wird im Zusammenhang mit der Automation von Analysenverfahren zurückzukommen sein.

Konstante Bedingungen

Können die Reaktions- und Trennbedingungen nicht parameter-unabhängig gestaltet werden, so müssen die Einfluß nehmenden Parameter genau definiert, beim Ausführen der Analyse sorgfältig konstant gehalten *und auch kontrolliert werden.* So muß die Temperatur bei katalysierten Umsetzungen, insbesondere bei enzymatischen Reaktionen peinlich genau eingehalten werden. Bei Schwankungen von ± 1°C treten hier Fehler bis zu ± 10% auf. Lichtempfindliche Reaktionen sind im Dunkel auszuführen, Reagenzien und Standardlösungen sind bei ungenügender Stabilität erst kurz vor der Durchführung des Analysenverfahrens anzusetzen und entsprechend aufzubewahren.

Interner Standard

Es ist nicht immer möglich, die Reaktionsbedingungen genau zu definieren und einzuhalten. Dies gilt beispielsweise für Reaktionen in der Flamme, wie sie bei der Flammenphotometrie eingesetzt werden, für chromatographische Verfahren, für die Elektrophorese.

Um trotzdem zu einer qualitativ und quantitativ gut reproduzierbaren Aussage zu kommen, kann die Messung relativ zu einem internen Standard ausgewertet werden. Ein interner Standard ist *eine Substanz, die der zu bestimmenden Komponente möglichst ähnlich ist und in dem zu untersuchenden System nicht vorkommt.* Eine weitere Bedingung ist, daß sich die zu bestimmenden Komponenten gleich verhalten, wie der interne Standard. Eine elegante Lösung dieser Anforderung ist der Zusatz von radioaktiv markierter Komponente als interner Standard.

Aus dem Verhalten des internen Standards während des Analysenverfahrens kann der Umsetzungsgrad, die Ausbeute oder die Trenngüte bestimmt und meßtechnisch oder rechnerisch bei der Auswertung des Resultats berücksichtigt werden.

8. Die passende Analysenvorschrift

Wie bereits ausgeführt, sollen hier keine Kochrezepte und auch keine Anleitungen zum Entwickeln von Analysenvorschriften gegeben werden, sondern es soll auf bestehende Verfahren hingewiesen werden.

Ein zielgerichtetes Suchen wird durch das Festlegen der an die Analysenvorschrift zu stellenden Anforderungen möglich.

8.1 Auswahlkriterien

Von der analytischen Seite muß festgelegt werden, welche Präzision und welche Genauigkeit zu fordern ist. Daneben gibt es praktische, wirtschaftliche und organisatorische Gesichtspunkte. Einige werden aufgezählt:

- In welchem Zeitraum muß das Verfahren ausgearbeitet sein?
- Welcher instrumentelle Aufwand darf getrieben werden?
- Wie hoch kann das Wissen und Geschick der ausführenden Instanzen vorausgesetzt werden?
- Wie hoch dürfen die Reagenzienkosten sein?
- Wieviel Zeit steht zur Durchführung der Analyse zur Verfügung?

Das Gewicht mit dem die verschiedenen Anforderungen berücksichtigt werden müssen, ist abhängig von der spezifischen Problemstellung. Einige Beispiele:

Soll nur *eine einzige Analyse* durchgeführt werden, so hat es keinen Sinn, unter größerem Aufwand, die billigste Variante auszuarbeiten. Es muß keine Rücksicht auf den Ausbildungsgrad von fremdem Personal und die allgemeine Verbreitung bestimmter Instrumente genommen werden. Diese Situation wird häufig in der reinen Forschung angetroffen.

Geht es darum, eine zu standardisierende Methode für *Schiedsanalysen*, wie sie zwischen Handelspartnern (Güte von Waren und deren Wert), zwischen Behörden und Industrie (Lebensmittel- und Umweltkontrolle), oder zwischen Versicherungen und Klienten zur Anwendung kommen, so ist die Gewichtung anders. Der instrumentelle Aufwand muß klein sein, insbesondere bezüglich spezieller nicht allgemein zugänglicher Apparaturen. Die Analyse soll einfach, zuverlässig und mit wenig speziellem Wissen und Hilfsmitteln durchführbar sein.

Wiederum anders liegen die Verhältnisse *dringlicher Analysen,* Praktiker werden bemerken, daß Analysen immer dringlich sind; aber es gibt Analysen, die besonders dringlich sind: nämlich zum Steuern schnell ablaufender Prozesse. Um eine effektvolle Steuerung zu ermöglichen, sind die vom Analysenresultat abhängenden Maßnahmen schnell zu treffen. Solche Situationen kommen in der chemischen Produktion und bei der Notfallsituation in der Medizin vor. An erster Stelle stehen hier Anforderungen bezüglich der Richtigkeit, Zuverlässigkeit und Geschwindigkeit.

Als letztes Beispiel sei die Gewinnung der Kriterien beim Entwickeln von *Screening-Tests* diskutiert. Screening-Tests werden zum Beispiel eingesetzt, um chemische Substanzen mit bestimmten, wünschbaren Eigenschaften zu finden, wenn es nicht möglich ist, eine genügend präzise Hypothese aufzustellen, d.h. wenn der Zusammenhang zwischen chemischer Struktur und deren Auswirkung auf das zu verändernde System – z.B. zu veredelnde Rohmaterialien, Pflanzen, Tiere, Patienten – nicht genügend bekannt ist. In einem solchen Fall werden möglichst viele Substanzen – auch solche mit nur geringen Erfolgschancen – entweder direkt an den zu veredelnden Rohmaterialien oder an Modellen der zu verändernden Systeme (Mikroorganismen, niedere Pflanzen, Laboratoriumstiere) bezüglich der gewünschten Wirkung getestet. Hier kommt es darauf an, aus einer großen Anzahl Substanzen in einem ersten Schritt potentiell wirksame gegenüber mit großer Wahrscheinlichkeit unwirksamen Verbindungen abzugrenzen: Es dürfen zu einem gewissen Grad falsch positive, möglichst aber keine falsch negativen Resultate vorkommen. Bei mäßiger Zuverlässigkeit müssen solche Verfahren billig und schnell sein, damit eine möglichst große Anzahl von Test durchgeführt werden kann.

8.2 Die Suche der Vorschrift

Nachdem nun die Anforderungen an Analysenverfahren diskutiert und Lösungsmöglichkeiten zu deren Einhaltung aufgezeigt wurden, muß eine Methode angegeben werden, die Auskunft darüber gibt, wie möglicherweise infrage kommende Analysenvorschriften aufgefunden werden können und anhand welcher quantitativer Kriterien eine optimale Auswahl getroffen werden kann.

Da die chemische Analytik eine Basiswissenschaft ist, auf der viele Gebäude der Wissenschaft und Technik fußen, finden sich die Analysenverfahren in der gesamten naturwissenschaftlichen Literatur. Sie sind verstreut in Monographien, Handbüchern, Zeitschriften, Berichten, Dissertationen, Patenten, Übersichtsartikeln, Abstracts und Firmenschriften in über 50 Sprachen. Wie die Sprache und die Publikationsform ist auch das Niveau der Analysenvorschriften sehr heterogen; von peinlich detaillierten, kochbuchartigen Vorschriften über globale Anleitungen zu kaum spezifizierten Angaben finden sich alle Nuancen.

Persönliche Kommunikation

Das Auffinden eines passenden Analysenverfahrens ist daher – zumal für den Anfänger – recht langwierig. Aus diesem Grund muß als bester Weg zum geeigneten Analysenverfahren die seit den Anfängen der Wissenschaft praktizierte Kommunikation mit einem erfahrenen Analytiker empfohlen werden. Eine einstündige Diskussion ersetzt oft tagelanges Lesen, Studieren und Probieren. In vielen Fällen können von auf einem Teilgebiet routinierten Analytikern Empfehlungen über Literatur gegeben werden, die zur Lösung des Problems beitragen. Manchmal kann ein Analysenverfahren sogar mit der in einem Labor gemachten Erfahrung *tel quel* übernommen werden. Möglicherweise darf entsprechendes Personal zum Erlernen der Methode im Labor für einige Zeit hospitieren.

Geordnete Literatur

Sind die Quellen dieser Art ausgeschöpft, so muß versucht werden, über die geordnete Literatur zu einer passenden Analysenvorschrift zu kommen. Wegen ihrer Zugänglichkeit eignen sich Übersichtsartikel dazu besonders gut. In einem ersten Anlauf kann man sich sprachlich auf deutsch und englisch beschränken.
Hervorragende zusammenfassende Artikel sind beispielsweise in der amerikanischen Zeitschrift „Analytical Chemistry" als „Annual Reviews" zu finden. Die Artikel setzen sich jeweils kritisch mit der während einer bestimmten Periode erschienenen Literatur eines Teilgebietes der chemischen Analytik auseinander und geben ein umfangreiches Literaturverzeichnis. Die Literatur ist sowohl von der Seite der Methodologie, der Instrumentation, als auch von speziellen Fachbereichen her aufgeschlossen. Verfolgt man diese Artikel über einige Jahre, so ist man über den Trend der Entwicklung informiert und weiß, wer auf einem speziellen Gebiet arbeitet. Eine solche Übersicht ist auch notwendig, um darüber informiert zu sein, ob die in einem bestimmten Laborbereich praktizierten Analysenverfahren dem Stand der Technik noch einigermaßen entsprechen.
Die „Fresenius' Zeitschrift für analytische Chemie" gibt in jedem Heft nach den Orginalarbeiten „Referate": Kurzbeschreibungen von Publikationen über Analysenverfahren. Der Übersicht halber sind diese aufgestellt nach:

    I.   Allgemeine analytische Methoden, Apparate und Reagenzien
    II.   Anorganische Substanzen

III. Organische Verbindungen
IV. Spezielle Anwendungsgebiete
 1. Produkte aus Industrie und Landwirtschaft
 2. Lebensmittel
 3. Pharmazeutische Produkte
 4. Biologisches Material

Die Referate eignen sich gut dazu, um auf dem laufenden zu bleiben, zum Einstieg in die analytische Literatur ist dieser Weg zu umständlich.

Umfassender über Analysen*verfahren* wird in der britischen Publikation „Analytical Abstracts" referiert. Das Register dieser Zeitschrift ist nach den folgenden Fachgebieten gegliedert:

 I. General Analytical Chemistry
 II. Inorganic Analysis
 III. Food
 IV. Sanitation
 V. Agricultural Analysis
 VI. General Techniques and Apparatus

Damit eine eigene Literatursammlung problemlos angelegt werden kann — z.B. mittels Randlochkarten — sind die Referate auch auf einseitig bedrucktem Papier erhältlich. Sie eignen sich ganz besonders zum Auffinden von Analysenverfahren. In diesem Fall können über ein Stichwort im Sachwortverzeichnis — im allgemeinen die zu bestimmende Komponente oder die Art Probenmaterial — die einschlägigen Referate samt Angaben über Sprache, Autor, dessen Adresse und ein Literaturzitat gefunden werden.

Als Beispiel sei die Literatursuche mittels „Analytical Abstracts" demonstriert. Die analytische Fragestellung ist die Bestimmung des Konservierungsmittels Sorbinsäure in Brot. Man beginnt mit dem letzten Band, um möglichst neue Literatur zu finden. Nachdem sich die unter den Stichworten „Sorbic acid" und „detmn" = Determination aufgeführten Verfahren einiger Bände als nicht brauchbar erwiesen haben, stößt man in Band 24 auf die folgende Stelle.

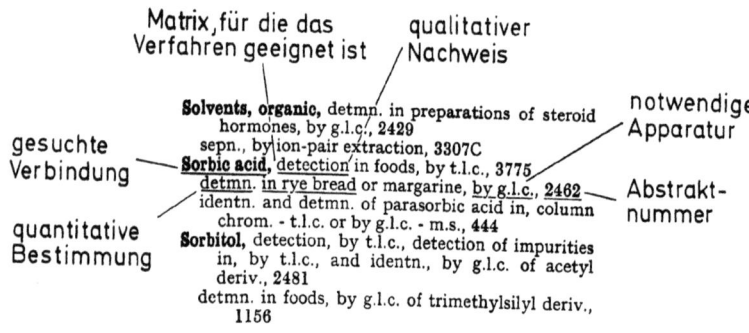

Abb. 11

Anhand der angegebenen Matrix „rye bread" und der notwendigen Apparaturen „g.l.c." = gas liquid chromatorgr. läßt sich entscheiden, ob das Verfahren von Interesse sein könnte. Nähere Angaben sind im Abstract gegeben, das unter der Abstraktnummer im vorderen Teil des Bandes zu finden ist.

Abstrakt-nummer — 2462. **Gas-chromatographic determination of propionic, sorbic and benzoic acids in rye bread and margarine.** Graveland, A. (Inst. for Cereals, Flour and Bread TNO, Wageningen, Netherlands). *Ass. off. analyt. Chem.*, 1972, **55** (5), 1024–1026. — Rye bread (1 g) was homogenised at 0° with ethyl ether (2 ml) containing 3% of H_3PO_4, and an ether soln. of valeric acid (1 ml ≡ 1 mg). Margarine (1 g) was suspended in the acid-ether soln. A 5-μl aliquot was analysed with use of a glass column (2 metres × 2 mm) of 5% of Carbowax 20M-terephthalic acid on Chromosorb W (60 to 80 mesh), temp.-programmed from 100° to 210° at 5° per min., with N as carrier gas (65 ml per min.) and flame ionisation detection. Propionic, valeric, sorbic and benzoic acids had retention times of 7·5, 9·5, 18·5 and 23 min., respectively. The limit of detection of each preservative was ≃ 5 ng. D. I. REES

- Abstrakt-nummer
- Autor des Verfahrens
- Kurzvorschrift
- Adresse des Autors
- Zeitschrift der Publikation
- Seiten
- Heft der Zeitschrift
- Band der Zeitschrift
- Erscheinungsjahr
- Referent

Abb. 12

Für ein eingehenderes Studium kann vom Autor ein Separatum der Publikation erbeten werden, oder es kann die Originalarbeit anhand der Literaturstelle gesucht werden.

Spezielle Gebiete der Analytik decken die folgenden Referatezeitschriften ab: „Elektroanalytical Abstracts", Birkhäuser/Basel, seit 1963 und „Gas and

Liquid Chromatography Abstracts", Applied Science Publishers Ltd./Barking (England) seit 1958.
Die von der „American Chemical Society" herausgegebenen „Chemical Abstracts" sind für analytische Belange zu umfangreich, um speditiv zum Ziel zu kommen.
Wenngleich der Einstieg über solche Referateblätter schnell und systematisch geschehen kann, haftet ihm der Nachteil an, daß die so gefundenen Vorschriften bis zu drei Jahren alt sind: Ein Jahr verstreicht bis zur Publikation (eines Analysenverfahrens), knapp ein Jahr bis darüber referiert wird und schlimmstenfalls ein Jahr, bis die Sachwortregister zugänglich sind. Bei Monographien oder Handbüchern ist die Zeitspanne sehr viel länger. Um diese Zeit zu verkürzen, sind Schnellinformationen im Handel: „Current Contents" und „Chemical Titels", welche die im Titel der Publikation angegebenen Schlagwörter alphabetisch geordnet wiedergeben.

Zeitschriften

Die wichtigsten Zeitschriften, welche in der Hauptsache Analysenverfahren aufnehmen, lassen sich in drei Klassen aufteilen. Nämlich solche, die nicht spezialisiert sind, solche, die bestimmte Verfahren und Techniken behandeln und solche, die ein Spezialgebiet der chemischen Analytik abdecken.

Von allgemeinem Interesse sind:
    Analyst (London)
    Analytical Chemistry (Washington D.C.)
    Analytica Chimica Acta (Amsterdam)
    Fresenius' Zeitschrift für analytische Chemie (Berlin, Heidelberg, New York)
    Talanta (Oxford)

Methoden-orientierte Zeitschriften sind:
    Applied Spectroscopy (Lancaster P.A.)
    Atomic Absorption Newsletter (Danburry, Conn.)
    Journal of Chromatography (Amsterdam)
    Spectrochimica Acta (Oxford)

Spezielle Gebiete decken ab:
    Analytical Biochemistry (New York)
    Clinica Chimica Acta (Amsterdam)
    Clinical Chemistry (New York)
    Journal of the Association of Official Analytical Chemists (Washington D.C.)
    Microchimica Acta (Wien, New York)

Standardverfahren

Wichtig zu wissen sind die Quellen für standardisierte Methoden. Zum Auffinden solcher Analysenvorschriften wendet man sich zweckmäßigerweise an die Fachgesellschaften und Behörden.

Beschaffung der Literatur

Um die Artikel in den diversen Zeitschriften in die Hand zu bekommen, muß die Abkürzung zunächst in den Titel der gesuchten Zeitschrift übersetzt werden. Dies kann mit Hilfe der „Analytical Abstracts" (erste Seiten) oder mit Hilfe der „Chemical Abstracts" geschehen. Anschließend wird im Zeitschriftenverzeichnis der eigenen Bibliothek nach der Zeitschrift gesucht. Führt das nicht zum Erfolg, so kann für Deutschland im „Gesamtverzeichnis ausländischer Zeitschriften und Serien", für die Schweiz „Verzeichnis ausländischer Zeitschriften und Serien in Schweizerischen Bibliotheken" (1973) eine Bibliothek ausfindig gemacht werden, die die gesuchten Artikel zur Verfügung stellt.

9. Die zu analysierenden Systeme

Ehe mit der analytischen Arbeit im Laboratorium begonnen werden kann, müssen — soweit die notwendigen Informationen nicht bereits vorliegen — die drei in der Abb. 5 erwähnten Systeme spezifiziert und gewonnen werden, nämlich das Analysensystem, das Referenzsystem und das Vergleichssystem.

Nach welchen Kriterien hier vorgegangen wird und welche Probleme auftreten können, ist Gegenstand der folgenden drei Abschnitte.

9.1 Das Analysensystem

Nur in den seltensten Fällen kommt das gesamte Analysensystem zur Untersuchung ins Laboratorium. In den meisten Fällen ist es nur ein Teil, oftmals nur ein sehr kleiner Teil. Es ist leicht einzusehen, daß die Aufteilung des Analysensystems je nach Art und Problemstellung eine Reihe von Schwierigkeiten mit sich bringt.
Die Kriterien für eine gute *Probenahme* ergeben sich aus den folgenden Überlegungen:
Die durch korrekte Anwendung des Analysenverfahrens angebbare Zusammensetzung oder Struktur trifft nur für den untersuchten Teil des Analysensystems zu. Die Interpretation erfolgt aber bezüglich des Gesamtsystems. Daraus ist die Forderung abzuleiten, daß der zur Analyse gelangende Teil — Stichprobe, Probe, Muster — der Gesamtmenge möglichst gut entsprechen muß. Er muß für das Gesamtsystem repräsentativ sein.
Zur Illustration der Problematik einige Beispiele: Allgemein ist es schwierig, aus einer großen Menge repräsentative Proben zu ziehen, also beispielsweise aus Silos, Schiffsladungen oder Äckern. Noch problematischer wird es, wenn Stückgut — z.B. Tierpopulationen — zu beurteilen ist.
Besondere Anforderungen an die Probenahme stellen die folgenden Probleme:

— Beurteilung von *Gesteinen* bezüglich der Abbauwürdigkeit und vorteilhafter Stollenlegung bei der Erschließung von Erzen. Die besseren, einen größeren Erfolg garantierenden Probenahmepläne der Amerikaner wurden im letzten Weltkrieg höchster Geheimhaltung unterworfen und sollen nach Meinung von Experten einen nicht unwesentlichen Einfluß auf das Kriegsgeschehen gehabt haben.

- Auswahl und Anzahl von Probanden zur Festlegung eines Dosierschemas von *pharmazeutischen Darreichungsformen* zum Aufrechterhalten eines gewünschten Wirkstoffspiegels im Organismus.
- Auswahl von Art und Anzahl *Speisen* zur Bestimmung der durchschnittlich mit der Nahrung aufgenommenen Menge Pestizidrückstände oder Antibiotika.
- Festlegen von Art und Menge zu entnehmender Proben zur Beurteilung der Umwelt.

Die Forderung der Repräsentanz einer Probe wird erfüllt, wenn das Analysensystem in einer bezüglich der Problemstellung relevanten Form gegenüber seiner Umwelt abgegrenzt wird – das wurde bereits bei der Beschreibung des Problems verlangt, und wenn ein Entnahmeplan so aufgestellt wird, daß er die Inhomogenität des Analysensystems überspielt.

Bei der Abgrenzung des Analysensystems geht es zunächst um eine topologische bzw. geographische Beschreibung. Das sei anhand der *Umweltbelastung durch Fluor-Abgase* diskutiert.

Bezüglich den zu analysierenden Proben wird man zunächst versuchen, die Menge Fluor pro Zeiteinheit am Ausgang der Abgasleitung zu erfassen. Dann wird man in der näheren und weiteren Umgebung Proben ziehen bzw. Prüfstellen installieren.

Der jeweilige *Ort* wird abhängig sein:
- von der Windrichtung
- vom jahreszeitlichen Durchschnitt der Luftfeuchtigkeit
- von den zu erwartenden Schäden
- von der Art des Untergrunds.

Sind die Einflußfaktoren im ersten Anlauf nicht alle erkannt worden oder wurden sie falsch gewichtet, so kann die definitive Verteilung und die Frequenz der Prüfung in iterativen Schritten optimiert werden.

Wenn das *Analysensystem* inhomogen ist, d.h. wenn es makroskopisch aus mehreren Komponenten besteht – Gesteine, Pflanzen, Gewebe – so muß entschieden werden, ob sich die analytische Fragestellung auf das Gesamtsystem oder – wie im vorangegangenen Beispiel – auf bestimmte Komponenten bezieht.

Die Stichprobe

Ist das Analysensystem definiert, muß eine möglichst repräsentative Stichprobe gezogen werden. In sehr vielen Fällen, vor allem bei kleinen Analysen-Systemen kann die Inhomogenität durch *Mischungsvorgänge* eliminiert werden: verwendet werden Schütteln, Rühren, Brechen, Mahlen und andere.

Zur Beurteilung von Prozessen ist das nicht möglich. In diesem Fall müssen Proben zu *verschiedenen Zeiten* gezogen werden, die je nach Problemstellung einzeln oder gesamthaft der Analysenprozedur unterworfen werden. Bei großen Mengen – Silos usw. – entnimmt man an verschiedenen Stellen Proben, die gegebenenfalls zerkleinert, gemischt und schließlich erneut unterteilt werden.

Entnahmeplan

Die Entnahme von Einzelproben will geplant sein! Durch schematisches Vorgehen läuft man Gefahr, einen systematischen Fehler zu machen: Bestimmte Zonen des Materials – z.B. die leichten, sich an der Oberfläche sammelnden Teile – sind über- bzw. untervertreten, Individuen mit bestimmten Eigenschaften – die trägen Tiere, Pflanzen am Rande des Beetes – werden bevorzugt.

Dem Übel kann weitgehend abgeholfen werden, wenn die Probenahme nach einem zuvor ausgearbeiteten und nach einem geeigneten Verfahren verzufallten Entnahmeplan vorgenommen wird und wenn die Anzahl Einzelproben möglichst groß ist.

Der auf das spezielle Problem zugeschnittene *Entnahmeplan* spezifiziert insbesondere *Ort*, *Zeit* und *Menge* der Einzelproben, gegebenenfalls auch das *Entnahmegerät* und die Art der *Behälter*.

Für viele immer wieder auftretende Problemstellungen existieren auf statistischen Überlegungen und jahrelanger Erfahrung fußende *Probenahmevorschriften* und für den speziellen Zweck einzusetzende *Entnahmevorrichtungen*.

Wird für unübersichtliche Analysensysteme eine hohe Repräsentanz verlangt – insbesondere bei großen Mengen, kontinuierlichen Prozessen oder großen Populationen – so empfiehlt sich die Konsultation eines Statistikers.

Personal

Da der gesamte Prozeß zum Lösen des anstehenden Problems bei einer unsachgemäßen Probenahme fragwürdig wird, muß das Vorgehen genügend kritisch sein. Nicht weiter ausgebildetes Hilfspersonal ist – ausgenommen bei homogenen Systemen – nicht einsetzbar, sondern lediglich Mitarbeiter, die die Problematik kennen und über genügend statistisches Verständnis verfügen. Für viele Probenahmen müssen – gegebenenfalls vereidigte – *Sachverständige* zur Durchführung einer fachgerechten Probenahme bemüht werden.

In jedem Fall ist ein *Protokoll über die Probenahme* anzufertigen, das z.B. Abweichungen von Art und Zeit, gegenüber dem Plan aufgetretene Schwierigkeiten, etc. enthält.

Damit sind aber noch nicht alle Schwierigkeiten gelöst. Es liegen eine Reihe von Manipulationen und je nach dem ein längerer Zeitraum zwischen der Probenahme und der Untersuchung. *Viele Proben sind als solche nicht stabil;* Oxidation, Bakterienwachstum, Denaturierung verändern das Probenmaterial und täuschen dann falsche Zusammensetzungen oder falsche Strukturen vor.

Probenkonservierung

Wenngleich die Konservierung für viele Materialien kein sonderliches Problem ist, ist es für andere wiederum sehr heikel. Generell kann gesagt werden, daß die zur Probenaufbewahrung benutzten *Behälter* sauber sein sollen, daß sie die Probe vor Wechselwirkung mit der Atmosphäre (Eintrocknen, Oxidation) und vor Licht schützen sollen, und daß das *Behältermaterial* gegenüber der Probe inert sein soll. Für die Spurenanalyse gilt dies insbesonders. Vor der Versuchsdurchführung muß man sich vergewissern, daß das Gefäß keine Verbindung abgibt und auch keine Verbindungen aufnimmt (Schwermetalle in Kunststoff).
Außerdem muß die *Gefäßwand* so beschaffen sein, daß keine Strukturänderungen durch z.B. Detergenzien oder Weichmacher auftreten (Denaturierung von Enzymen, Hämolyse). Biologische Proben sind gegebenenfalls gegen Bakterienwachstum zu schützen, entweder durch geeignete Zusätze oder durch Gefrieren. Die Stabilität ist beim Transport oder der Lagerung generell günstiger, wenn dies bei tieferer Temperatur oder nach Austrocknung (Lyophilisieren) geschieht.

Probenmenge

Die Menge der zu ziehenden Proben hängt von der verlangten Repräsentanz ab, von der Nachweisgrenze des zur Verfügung stehenden Analysenverfahrens im Verhältnis zur gesuchten Konzentration und von der Labororganisation.

Von Seiten der Labororganisation muß die Probenmenge so groß sein, daß alle notwendigen Analysen – zur Hebung der Zuverlässigkeit gegebenenfalls auch als Mehrfachanalyse – durchgeführt werden können, und daß für Nachkontrollen eine gewisse *Reserve* bleibt. Ist es schwierig, eine entsprechend große Menge zu ziehen, so muß dies in den Anforderungen zum Analysenverfahren berücksichtigt werden und die Ausarbeitung muß darauf abzielen, ein Mikroverfahren zu entwickeln.

9.2 Das Referenzsystem

Vom auszuwählenden Referenzsystem kennen wir bereits zwei einander widersprechende Anforderungen, nämlich:
— Das Referenzsystem soll bezüglich Komponenten und Struktur bekannt sein.
— Das Referenzsystem soll dem — noch nicht bekannten — Analysensystem ähnlich sein.

Primärstandards

Einfach liegen die Verhältnisse, wenn das Analysensystem bezüglich der qualitativen Zusammensetzung weitgehend bekannt ist und lediglich eine quantitative Bestimmung durchgeführt werden muß. In diesem Fall kann — so vorhanden — eine Reinsubstanz „pro analysi" eingesetzt werden. Die Anforderungen an eine solche Substanz sind:
— bekannte Zusammensetzung,
— hohe Stabilität.

Referenzsubstanzen dieser Art gibt es für anorganische und teilweise für organische und biochemische Analysen. Sie bilden das Rückgrat sowohl der qualitativen als auch der quantitativen chemischen Analytik.

Sekundärstandards

Wenn es nicht möglich ist, solche hochreinen Substanzen herzustellen, oder wenn es aus Kostengründen nicht zu vertreten ist, sie routinemäßig einzusetzen, so können sogenannte Sekundärstandards eingesetzt werden. Das sind Substanzgemische, wobei eine oder mehrere Komponenten mittels geeigneter Analysenmethoden durch Vergleich mit den oben beschriebenen Primärstandards quantitativ bestimmt werden. Solche Referenzsysteme sind im allgemeinen stabiler und billiger als Primärstandards und sind für den gesamten Bereich der chemischen Analytik verfügbar. Bezugsquellen für internationale Standardpräparate sind z.B. in „Wissenschaftlichen Tabellen" Ciba-Geigy AG, CH-4002 Basel, 7. Auflage (1971) angegeben und in Pure and Appl. Chem. **29**, 597 (1972).
Sekundärstandards zeichnen sich oft dadurch aus, daß sie dem zu analysierenden System ähnlicher sind, als die eingangs erwähnten Primärstandards. Unter Umständen treten auch bei den Sekundärstandards *unspezifische Eigenschaftsänderungen* auf, beispielsweise Verschiebungen von Absorptionsbanden durch Begleitsubstanzen bei photometrischem Nachweis.

Je nach Problemstellung ist dies erwünscht, um die beim zu analysierenden System auftretenden Störungen auf diese Weise zu kompensieren, denn es ist durchaus legitim, Probe und Standard zu vergleichen, wenn sie mit dem gleichen systematischen Fehler behaftet sind. Auf diese Möglichkeit wurde bereits bei der Diskussion der Genauigkeit hingewiesen.

Die Bedingung, daß das Referenzsystem dem zu analysierenden System ähnlich sein soll, wird am besten erfüllt, wenn der reinen Matrix steigende Mengen der zu bestimmenden Verbindung zugesetzt werden. Das Verfahren setzt voraus, daß sich die zur Matrix zugesetzte Substanz gleich verhält, wie die in der zu prüfenden Probe. Die Bedingung kann oft durch Zusatz kleiner Mengen hoher Konzentration erreicht werden, da auf diese Weise eine nicht wesentliche Verdünnung der Matrix auftritt. Schwierig sind hochgradig strukturierte Matrices, wie Mineralien oder Zellmaterial; der zugesetzte Standard wird nicht innert nützlicher Frist in die der Probe eigene Struktur aufgenommen.

Standardisierte Verfahren

Bei Unkenntnis der chemischen Zusammensetzung der zu bestimmenden Komponente oder aus praktischen Gründen kann auch ein bis in alle Details beschriebenes Nachweisverfahren an die Stelle des Referenzsystems treten. Auf diese Weise sind unter anderem die internationalen Einheiten zur Messung von Enzymaktivitäten oder Vitamin-, Antibiotika- und Hormonkonzentrationen definiert worden.

Als Beispiel die Empfehlung der „International Union of Biochemistry" (IUB) zur Bestimmung von *Enzymeinheiten* von 1964: Eine Internationale Einheit (IE oder IU) bezeichnet die Enzymmenge, die unter Standardbedingungen den Umsatz von 1 μ mol Substrat pro Minute bewirkt. Standardbedingungen sind 30°C, optimaler pH-Wert und optimale Substratkonzentration.

Die analytische Eichfunktion

Für quantitative Untersuchungen muß ein Zusammenhang zwischen Signalintensität und der in der Probe vorhandenen Konzentration hergestellt werden. Mittels der Analyse eines Referenzsystems verschiedener Konzentrationen muß eine analytische Eichfunktion – graphisch oder mathematisch – aufgestellt werden. Als Regel gilt, daß *nur lineare Beziehungen* ausgewertet werden sollen, was gegebenenfalls als Anforderungen für die Ausarbeitung des Analysenverfahrens zu postulieren ist.

Eine solche Gerade zeichnet sich durch verschiedene Eigenschaften aus:

Empfindlichkeit

Im Koordinatennetz Signalintensität/Konzentration hat die Eichgerade eine bestimmte Steigung. Diese ist ein Maß für die Empfindlichkeit des Analysenverfahrens. So ist beispielsweise das Analysenverfahren zur Bestimmung von Eisen mit Bathophenanthrolin empfindlicher als dasjenige mit Phenanthrolin oder gar Dipyridyl.

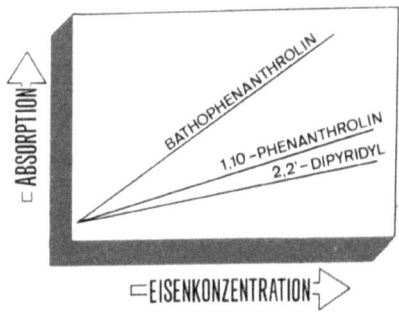

Abb. 13. Bestimmungsverfahren für Eisen mit verschiedener Empfindlichkeit

Analysenverfahren mit geringer Empfindlichkeit haben einen großen *Meßbereich:* Es können Proben mit sehr unterschiedlicher Konzentration analysiert werden. Diesem Vorteil steht der Nachteil entgegen, daß die Konzentrationen nicht sehr genau erfaßt werden können: Proben mit nur gering unterschiedlichem Gehalt können nicht von einander unterschieden werden.

Nachweisgrenze

Es ist leicht einzusehen, daß nicht beliebig geringe Mengen eines Stoffes erfaßt werden können. Einerseits weisen die Geräte zum Erfassen der Signale ein gewisses Rauschen auf, andererseits werden durch das Verfahren selbst Unsicherheitsfaktoren in den Analysengang gebracht: Durch das verwendete Geschirr, die Chemikalien, die Laborluft werden unterschiedliche Mengen von *Verunreinigungen* in die Probe eingeschleppt. Diese Faktoren bedingen, daß jedes Analysenverfahren eine Nachweisgrenze hat. Es ist interessant, festzustellen, daß die Nachweisgrenze der oben zitierten Verfahren zur Eisenbestimmung bei stark verschiedener Empfindlichkeit etwa gleich ist. Die Nachweisgrenze ist abhängig von der Präzision, mit der kleine Signale erfaßt werden können. Eine Möglichkeit zur Berechnung der Nachweisgrenze wird später gegeben werden.

Im Zusammenhang mit der Nachweisgrenze sei ein Abschweifen erlaubt: Weit verbreitet ist die Meinung, daß für *Spurenanalysen* ein Verfahren mit genügend niedriger Nachweisgrenze gesucht werden muß und schon sei das Problem gelöst. So einfach ist es jedoch nicht! Gerade bei der Spurenanalyse – bei der definitionsgemäß die Matrix in großem Überschuß vorliegt – spielt die Selektivität eine immens große Rolle und die normalerweise einsetzbaren Verfahren zur Selektivitätshebung – sowohl chemische Umsetzungen als auch Trennverfahren und deren Kombination – müssen mit geeigneten Mitteln für die jeweils zu untersuchende Probe auf ihre Wirksamkeit geprüft werden. Darauf wird im Zusammenhang mit der Qualitätskontrolle zurückzukommen zu sein.

9.3 Das Vergleichssystem

Das dritte zu betrachtende System ist das Vergleichssystem. Es muß immer dann untersucht bzw. festgelegt werden, wenn die Hypothese einen Soll/Ist-Vergleich verlangt. Die Information über das Vergleichssystem ist notwendig, um die in der analytischen Fragestellung geforderte Information über das Analysensystem interpretieren zu können. Die Interpretation läuft entweder auf den Nachweis der Identität von Analysensystem und Vergleichssystem hinaus oder es geht um einen graduellen Unterschied. Im folgenden werden verschiedene Arten Vergleichssysteme beschrieben.

Standards

Steht die Identität im Vordergrund, so eignen sich die im vorangegangenen Kapitel unter Primär- und Sekundärstandard erwähnten Substanzen, wobei der Zusammenhang von Art und Ausmaß der Signale im Verhältnis zu Art und Konzentration dieser Substanzen nicht so sehr im Vordergrund steht. Vielmehr geht es um das identische Verhalten dieser Substanzen und des Analysensystems gegenüber möglichst vielen Agenzien.

Das Analysensystem zu einer anderen Zeit

Geht es um die Qualitätskontrolle der Produktion, um die Stabilität eines Produktes, um fragliche pathologische Veränderungen eines Organismus oder um die Erfolgskontrolle einer Maßnahme, beispielsweise die Beurteilung des Therapieerfolgs beim Senken des Blutzuckerspiegels eines Diabetikers mit geeigneten Medikamenten, kurz, um die Beurteilung von Prozessen, so können entsprechende Trends anhand der zuvor am Analysensystem vorgenommenen Untersuchungen festgestellt werden. Das Vergleichssystem ist dann das zu einem früheren Zeitpunkt analysierte Analysensystem.

Durch Konvention festgelegte Systeme

Das Vergleichssystem kann auch durch Konvention festgelegt sein. Handelspartner, Behörden und Versicherungen spezifizieren solche Mindest- oder Höchstanforderungen.

Klassen

Das Vergleichssystem kann auch eine abstrakte, systematische Einheit sein. Das sind in diesem Zusammenhang z.B. chemische Verbindungsklassen: Fette, Seifen, Schwermetalle oder auch Strukturen: Ketogruppen, Doppelbindungen, die alle bestimmte, gemeinsame Eigenschaften haben. In diesem Fall gilt es, die im Analysenverfahren gewonnene Information mit typischen Eigenschaften solcher systematischer Einheiten zu vergleichen, um zu einer Identifikation des analysierten Systems bzw. dessen Komponenten und Strukturen zu gelangen. Was unter gegebenen Umständen als sinnvolle *systematische Einheit* zu betrachten ist und was eine *typische Eigenschaft* ist, muß die Erfahrung lehren. Für einfache, generell interessierende Zusammenhänge existieren Tabellenwerke, so z.B. zur Interpretation von Absorptions- und Emissionsspektren verschiedener Verbindungsklassen.

Kollektive

Das Vergleichssystem kann schlußendlich auch ein Kollektiv mehrerer Individuen sein. Noch einmal: Ob Äpfel viel oder wenig Pektin enthalten, ob die Assimilation in bestimmten Pflanzen beschleunigt oder gehemmt ist, ob ein Patient zuckerkrank ist, kann nur entschieden werden, wenn die entsprechenden Konzentrationen bzw. Geschwindigkeiten beim Gesamtkollektiv bekannt sind und in Relation gebracht werden können. Dabei kommt es darauf an, daß die untersuchten Individuen der beiden zu vergleichenden Systeme möglichst ähnlich sind, daß sich also die Vergleichs-Stichproben nicht durch mangelnde Repräsentanz auszeichnen. Minimale Anzahl und Art der Individuen des Vergleichskollektivs müssen mit der gleichen Sorgfalt festgelegt werden, wie das zu untersuchende Kollektiv bzw. Individuum. Um die systematischen Fehler bei der Analyse möglichst auszuschalten, empfiehlt es sich, daß das Analysensystem und das Vergleichssystem mit dem *gleichen Analysenverfahren* untersucht werden, möglichst in einer Serie. Gegebenenfalls sollte die Versuchsanordnung mit einem Statistiker diskutiert werden.

Durchschnittskonzentrationen gewisser Verbindungen in wichtigen Kollektiven sind für viele Fachgebiete als sogenannte „Normalwerte", teilweise in Funktion gewisser Parameter wie Alter und Lagerungsbedingungen, in Tabellenwerken zusammengestellt.

10. Die Instrumentation

Spätestens während der Literatursuche muß man sich Gedanken darüber machen, mit welchen Mitteln die Analysen ausgeführt werden sollen. Die Möglichkeiten sind zahlreich, denn gerade auf dem Gebiet der Instrumentation verzeichnete die chemische Analytik während der letzten etwa 30 Jahre eine stürmische Entwicklung.
Die Instrumentation vermag die menschliche Beobachtungsfähigkeit zu ergänzen, zu erweitern, zu vereinfachen oder gar zu ersetzen.
Durch Instrumentation kann eine große Vielfalt von verschiedenen Agenzien eingesetzt und zudem können die verschiedensten Eigenschaftsänderungen quantitativ erfaßt werden. So lassen sich unter Umständen – darauf ist schon hingewiesen worden – durch Auswahl einer geeigneten meßbaren Eigenschaft langwierige Operationen zur Hebung der Selektivität vermeiden.
Durch Instrumentation können die in der analytischen Fragestellung geforderten Informationen schneller und präziser gegeben werden. Manche analytische Fragestellung wird erst durch eine entsprechende Instrumentation des Laborbereichs vernünftig, das heißt: Die notwendige Information kann erst mit diesen Hilfsmitteln kostengünstig und in angemessen kurzer Zeit produziert werden.
Die Literatur über die Instrumentation von Laboratorien ist umfangreich. Sie erörtert die den Messungen zugrundeliegenden physikalisch-chemischen Prinzipien, die Interpretationsmöglichkeiten der Meßwerte, die Anwendungsbreite. Insbesondere Firmenschriften befassen sich mit dem Aufbau von Instrumenten und dem praktischen Einsatz. Die entsprechenden Artikel können vom interessierten Leser nach der bereits beschriebenen Anleitung zur Literatursuche ausfindig gemacht werden. Einige Standardwerke werden in diesem Kapitel erwähnt.
Im hier gegebenen Zusammenhang interessieren die *organisatorischen Aspekte*. Instrumente werden in unterschiedlich leistungsfähigen, mehr oder weniger bedienungsfreundlichen Varianten angeboten. Mittels geeigneter Instrumente lassen sich die verschiedensten Operationen rationell ausführen. Im Mittelpunkt stehen sicherlich Meßinstrumente. Ebenso wichtig sind jedoch Vorrichtungen zur Probenvorbereitung, zur Hebung der Selektivität, zur Berechnung und Dokumentation der Resultate. Es sind Kombinationen auf dem Markt, welche den gesamten Analysengang, einschließlich Berechnung und graphisch einwandfreier Darstellung der Resultate, ausführen.

Für jede Zielsetzung gibt es eine optimale Lösung. Die Entscheidungskriterien werden hier diskutiert.

Probenzuführung

Die automatische Probenzuführung läßt sich über Probenwechsler lösen, welche die zu messenden Proben nacheinander in die Meßposition von Instrumenten bringen. Sie sind zeitsparend, weil die Totzeiten zum Beschicken der Meßinstrumente zusammenschrumpfen und weil die Meßinstrumente auch unbeaufsichtigt – zum Beispiel während der Nacht – eingesetzt werden können. Ihr Einsatz rechtfertigt sich, wenn entsprechend viel Arbeitszeit eingespart wird, was im allgemeinen nur bei größeren Serien der Fall ist.

Operationen zur Selektivitätshebung

Während Geräte zur selbsttätigen Durchführung von Trennverfahren fast ausschließlich in kompakten Automaten eingesetzt werden, lassen sich mechanisierte Vorrichtungen zum *Dosieren* von Flüssigkeiten – insbes. Reagenzien – bereits mit sehr niederem Automationsgrad verwenden.

Die Vielfalt klassischer, manuell betriebener Dosiergeräte – Pipette, Meßzylinger, Meßkolben und Bürette wurden bei den mechanisierten Geräten auf die Kolbenbürette vereinheitlicht. Der Einsatz solcher von Hand betätigter Kolbenbüretten mit zwei Ventilen ist in Routinelaboratorien bei einer Reproduzierbarkeit von etwa 1% angezeigt. Die Geräte sind preisgünstig und arbeiten sehr schnell.
In der nächst höheren Ausbaustufe wird der Kolbenhub von einem Motor übernommen. Der Hub ist fest eingestellt, so daß immer die gleiche Menge eines Lösungsmittels dosiert wird. Solche Geräte eignen sich zur Rationalisierung von Groß-Serien bzw. von sehr oft durchzuführenden Kleinserien.
Mehr Flexibilität erhält ein solches Gerät durch einen variabel einstellbaren Kolbenhub. Es eignet sich jetzt für mehrere ähnliche Analysenvorschriften. Die Flexibilität wird nur noch durch die Tatsache beeinträchtigt, daß lediglich ein bestimmtes Lösungsmittel dosiert werden kann, und daß das Umrüsten auf ein zweites recht umständlich ist.

Austauschbare, an einem entsprechenden Flüssigkeitsvorrat angeschlossene Büretten beheben auch diesen Nachteil. Sie werden mit dem Kolben am einen und mit dem Zylinder am anderen Ende des Dosierers eingeklinkt.

Die nächste Ausbaustufe funktioniert mit einem *Transportsystem*, welches dem Dosiergerät die zu bearbeitenden Proben nacheinander zuführt.

Automatisiert ist eine solche Vorrichtung, wenn Art und Menge Flüssigkeit für eine bestimmte Probe gemäß Analysenvorschrift von einem *Steuergerät* für jede Art Probe individuell eingestellt und die Ausführung der Operation überwacht wird. Doch das ist schon ein Schritt zu weit, zunächst ein Abschnitt über die einsetzbaren Meßinstrumente.

10.1 Meßinstrumente

Die Meßinstrumente sind so einzusetzen, daß mit möglichst wenig Aufwand ein möglichst reproduzierbares und selektives Resultat entsteht. Anders ausgedrückt: Man sollte nicht Hochleistungsinstrumente einsetzen, wo man mit einfachen und bedienungsfreundlichen Geräten auskommen kann. Bezüglich dieser Forderung lassen sich die Meßinstrumente in drei Kategorien aufteilen:

Erste Kategorie: Instrumente, welche eine Zustandsgröße des zu beurteilenden Systems direkt messen. Beispiele sind Waage und Thermometer.

Zweite Kategorie: Instrumente, welche ein physikalisches Agens auf das chemische System einwirken lassen und die dann auftretenden Eigenschaftsänderungen messen. Diese Kategorie ist sehr vielfältig. Beispiele sind: Leitfähigkeitsmesser, Filterphotometer, Kapillarviskosimeter. Instrumente dieser beiden Kategorien ergeben entweder eine Meßgröße: Gramm, Grad, Siemens, Extinktion, Poise oder − falls sich die Meßgröße beim betrachteten System zeitlich ändert − eine kinetische Funktion, eine Geschwindigkeit.

Dritte Kategorie: Instrumente, welche ein sich änderndes Agens auf das chemische System einwirken lassen und die auftretenden Eigenschaftsänderungen registrieren. Beispiele sind Thermowaage, Spektrophotometer.

Diese Kategorie Meßinstrumente ergeben *Diagramme:* Thermogramme, Spektren, Chromatogramme, Titrationskurven. Darstellungen dieser Art sind für die qualitative Interpretation von großem Wert. Die Form der Kurven erlaubt es sehr viel besser als lange Zahlenreihen, Aussagen über die Güte der Selektivität, über die Anzahl aufgetrennter Komponenten und über eventuell aufgetretene Störungen während des Meßvorganges zu machen.

Instrumente, welche die Eigenschaftsänderungen von chemischen Systemen bezüglich mehr als einem sich ändernden Agens registrieren − z.B.

die Extinktion eines Reaktionsansatzes bezüglich Wellenlänge und Zeit — werden wegen des hohen Komplexitätsgrades nur sehr selten eingesetzt.

Der Informationsgehalt der Meßresultate steigt von der ersten bis zur dritten Kategorie stark an. Die Interpretation dieser Information wird ebenfalls sehr viel schwieriger, insbesondere dann, wenn die entsprechenden Signale durch Wechselwirkung mit mehr als einem Konstituenten des Systems entstehen.

Für quantitative Analysen von Reinsubstanzen oder übersichtlichen Systemen genügen Instrumente der ersten oder allenfalls zweiten Kategorie. Für komplexe Systeme, insbesondere biologisches Material, braucht es Instrumente der zweiten und dritten Kategorie. Für Strukturanalysen ist der Einsatz von Instrumenten der dritten Kategorie unumgänglich.

Weitere, wichtige Kriterien sind:

Stabilität

Bezüglich einer rationellen Arbeitstechnik ist die Stabilität des Meßinstrumentes von ausschlaggebender Bedeutung. In Meßinstrumenten hoher Stabilität werden für identische Systeme unter Ausschaltung äußerer Einflüsse — auch unter Laborbedingungen — immer wieder identische Signale erhalten.

Bei der routinemäßigen Analyse entfällt unter diesen Bedingungen das regelmäßige Mitführen von Referenzsystemen. Im Laborjargon: Es wird absolut gemessen.

Aber auch unter weniger günstigen Umständen kann — bei einigem Aufwand — zuverlässig gearbeitet werden. Zwei Arten von Instabilitäten sind zu unterscheiden, kurzfristige, die als *Rauschen* bezeichnet werden und sich hauptsächlich auf die Reproduzierbarkeit des Meßwertes und damit auf die Nachweisgrenze nachteilig auswirken und langfristige, die als *Drift* bezeichnet werden und im wesentlichen die Genauigkeit der Meßwerte beeinträchtigen.

Der Einfluß des Rauschens kann, je nach Verursachungsgrund, herabgesetzt werden, wenn die anfallenden Ergebnisse über eine längere Zeit gemittelt werden oder wenn — wie bei der Flammenphotometrie erwähnt — ein interner Standard mitanalysiert wird. Der Einfluß der Drift läßt sich über das regelmäßige und häufige Mitführen von Referenzsystemen bestimmen und rechnerisch berücksichtigen.

Eichfunktion

Für quantitative Fragestellungen ist die Beziehung zwischen dem Ausmaß der chemischen Eigenschaftsänderung und dem Ausmaß des am Instrument anfallenden Meß-Signals wichtig. Wenn immer möglich, sollte diese Beziehung eine Gerade sein, die durch den Meßbereich und die Auflösung gegeben ist. Die Auflösung gibt den minimalen Unterschied an, der beim zu messenden System vorhanden sein muß, um eine reproduzierbare Änderung der Meßanzeige zu erhalten. Bei Meßinstrumenten hoher Auflösung bewirkt eine kleine Änderung, der zu messenden Eigenschaft eine große Änderung der Meßanzeige. Sie sind daher für Präzisionsmessungen geeignet.

Dynamisches Verhalten

Es ist grundsätzlich wünschenswert, daß der Meßprozeß schnell ist. Ganz besonders gilt diese Anforderung für Instrumente, welche die Eigenschaftsänderungen von chemischen Systemen bezüglich eines sich ändernden Agens messen und für kinetisch messende Instrumente.

Flexibilität und Ausbaubarkeit

Außer den bisher gegebenen Kriterien muß der Komfort beurteilt werden. In diesem Zusammenhang sind *Betriebssicherheit, Servicegarantien,* einfache *Handhabung* und *Flexibilität* von Bedeutung: Das Gerät soll verwandte Meßarten ohne großen Umbau – z.B. Wechseln von Lichtfiltern, Elektroden oder Trennsäulen – durchführen können und sich wechselnden Anforderungen leicht anpassen.
Sobald nicht nur Einzelmessungen durchgeführt werden, sondern auch Serien, kommt die *Ausbaubarkeit* des Instrumentes ins Spiel. Es ist zeitsparend, wenn die zu messenden Proben dem Instrument automatisch zugeführt werden, oder wenn die zu beurteilenden Proben durch Lösen, Anfertigen von Preßlingen, Auftrennen oder chemische Reaktion selbsttätig in die für den Meß-Schritt geeignete Form gebracht werden. Das führt zu dem Problem der „Mechanisierung" und „*Automation*". Andererseits wird die Arbeit erleichtert, wenn die bei der Messung anfallenden Rohdaten „automatisch" in interpretierbare Resultate umgerechnet werden. Das führt zu dem Problem der „Computerisierung".
Die Paranthesen wurden in obigem Abschnitt benutzt, weil die betreffenden Schlagworte in der chemischen Analytik jargon-mäßig verwendet werden.

10.2 Mechanisierte Analysenkanäle

In mechanisierten Analysenkanälen werden ein Probenwechsler, bzw. eine Probenentnahme-Einheit, eine Einheit zur automatischen Probenvorbereitung und ein selbsttätiges Meßinstrument samt Registriergerät durch ein

unidirektionales Transportsystem zu einem „Kanal" zusammengefügt. Die notwendigen Parameter werden von Hand eingestellt.
Angeboten werden Geräte mit weitgehend standardisierter Probenvorbereitung. Hierher gehören Analysatoren für die organische *Mikro-Elementaranalyse*. Die Proben werden nacheinander in ein Verbrennungsrohr geschoben, die Ventile für Verbrennungs- und Spülgase betätigt und die Mengen CO_2, H_2O und N_2 gemessen.
Hierher gehören auch die verschiedenen *Chromatographen*, insbesondere Gaschromatographen. Über einen Probewechsler werden die Proben in einer zuvor eingestellten Taktzeit der Einspritzautomatik zugeführt und auf die Säule appliziert. Es laufen zuvor eingestellte Temperaturprogramme zur optimalen Trennung der Komponenten ab. Nach der chromatographischen Trennung werden die interessierenden Molekeln über ein passendes Detektorsystem indiziert und dargestellt.
Als dritte Kategorie gehören *Titrierautomaten* hierher. Die flüssigen Proben werden eine nach der anderen dem Titriergefäß zugeführt, entweder gesamthaft oder als ein Aliquot auf einen zuvor eingestellten Endpunkt titriert und der Verbrauch – möglicherweise multipliziert mit einem Eichfaktor – ausgedruckt.
Sehr große Anstrengungen sind bezüglich der Mechanisierung der klassischen Naßchemie unternommen worden.

Analysenkanäle für die klassische Naßchemie

Die Realisierung wurde auf zwei verschiedenen Wegen angegangen: Einmal indem die einzelnen Laborgrundoperationen mechanisiert wurden. So sind Apparate auf dem Markt erhältlich, die zuvor abgewogene Feststoffe dispergieren, die entstehende Lösung filtrieren, Verdünnungen vornehmen und Reagenzien hinzufügen, das Reaktionsgemisch für eine vorgeschriebene Zeit bei bestimmter Temperatur inkubieren und schlußendlich in einer Durchflußküvette – meist photometrisch – messen. Zu jeder Zeit befindet sich die Probe in einem eigenen, ihr zugeordneten Gefäß und wird vom Transportsystem von einem Operationsplatz zum nächsten gebracht. Dies entspricht dem diskontinuierlichen Analysenprinzip.
Das Herz des kontinuierlichen Prinzips ist eine Schlauchquetschpumpe, die Geräte sind nach einem in der manuellen Technik nicht realisierten Prinzip entworfen worden. Im einfachsten Fall saugt die Pumpe ein Reagenz an, das durch – möglicherweise thermostatisierte – Verzögerungsschlangen durch eine Durchflußküvette gepumpt wird. In diesen Reagenzienstrom wird über einen Probengeber eine Probe nach der anderen injiziert, gemischt und so durch die Inkubationsschlangen und die Küvette transportiert. Am Meßinstrument bzw. dessen Schreiber können die Konzentrationen der Probe nacheinander abgelesen werden.

Zur Verminderung der gegenseitigen Probenbeeinflussung wird der Reagenzienstrom *mit Luftblasen segmentiert*. Das Prinzip ist sehr flexibel, es können mehrere Reagenzien zugegeben werden und sogar mehrere Probenaufbereitungsschritte wie Dialyse, Filtration, flüssig/flüssig-Extraktion und Destillation eingebaut werden.

Als Meßinstrumente werden am häufigsten Photometer aller Art verwendet. Aber auch Polarographen, ionenselektive Elektroden, Coulometer, Amperometer, ja sogar thermometrische Meßinstrumente wurden in Verbindung mit der kontinuierlichen Probenaufbereitung eingesetzt.

Die Resultate fallen jeweils als Diagramm an. Auf der Ordinate sind Extinktionseinheiten, Ampère, mVolt oder Grad aufgetragen, auf der Abszisse die Zeit. Jeder Peak entspricht einer Probe, die Höhe des Peaks entspricht der Konzentration.

Wägt man die Vor- und Nachteile der beiden Prinzipien gegeneinander ab, so besticht zunächst die Einfachheit des kontinuierlichen Systems. Der einzige mechanisch bewegte Teil ist die Schlauchquetschpumpe. Beim diskontinuierlichen System dagegen sind eine Vielzahl Motoren samt den dazugehörigen Ventilen zu betätigen. Dank der Einfachheit des kontinuierlichen Systems sind mehr Grundoperationen durchführbar, also auch kompliziertere Analysenvorschriften adaptierbar. Andererseits ist dieses Prinzip weniger flexibel, es läßt sich nicht so schnell von einer Operationsart auf eine andere umbauen, und zudem sind die verwendeten Geräte bzw. Schläuche und Zuleitungen – zumindest in der Originalausführung – nicht gegen alle Lösungsmittel inert. Das kontinuierliche Prinzip eignet sich zu Durchführung großer Serien und vor allem dann, wenn eine Probenvorbereitung zur Hebung der Selektivität, insbesondere Trennoperationen, notwendig ist. Es eignet sich also zu Kontroll- und Screening-Analysen.

Beim diskontinuierlichen Prinzip ist die Methodenadaptation meistens einfacher, die Flexibilität ist größer indem der Umbau einfacher ist. Andererseits sind bei diesem Prinzip aber nur wenige allgemein einsetzbare Trennoperationen automatisiert worden. Es eignet sich vor allem zur Analyse von übersichtlichen Systemen und Kleinserien – gegebenenfalls mit manuellen Zwischenschritten.

10.3 Die Beziehung Analysenkanal – Analysenvorschrift

Wenn schon bei der Entwicklung von manuellen Analysenmethoden auf das Postulat der Einfachheit hingewiesen wurde, so gilt dies bei „automatisierten" Analysen in noch viel stärkerem Ausmaß. Je komplexer eine Gerätekombination sein muß, je mehr und je kompliziertere Laborgrundoperationen durchgeführt werden müssen, desto höher ist die Störanfälligkeit, desto unzuverlässiger sind die Resultate. Bei einfacher Konzeption kann dagegen mühelos eine große Anzahl reproduzierbarer Resultate in kürzester Zeit erhalten werden. Eine einfache Konzeption bedingt, daß die Operationen zur Hebung der Selektivität möglichst auf die chemische Ebene verlagert werden müssen, daß also möglichst spezifische Reaktionen eingesetzt werden.

Die *Reproduzierbarkeit* von Resultaten aus mechanisierten, naßchemischen Analysenkanälen liegen bei 1 bis 2% Standardabweichung. Mit einigem Entwicklungsaufwand lassen sich auch reproduzierbarere Resultate erhalten. Ein limitierender Faktor ist darin zu sehen, daß die manuell oft benutzte Operation „Auffüllen auf Volumen" bei mechanisiertem Vorgehen nicht gelöst ist, so daß sich die Fehler der Operationen „Hinzudosieren" und „Herausdosieren" summieren.

Die Kapazität ist von Gerätekombination zu Gerätekombination verschieden. Komplexe Geräte sind langsamer als einfache. Zudem kommt es darauf an, welche Reproduzierbarkeit erwartet wird und welcher Grad der Probenverschleppung in Kauf genommen wird. Verallgemeinernd kann gesagt werden, daß zwischen 10 und 400 Proben pro Stunde und Analysenkanal analysiert werden können, und daß das Schwergewicht bei 40 bis 80 Proben liegt.

Abschließend soll nochmals explizit darauf hingewiesen werden, daß es einiges Geschick braucht, um manuelle Methoden auf mechanisierte Analysenkanäle oder Analyenautomaten zu adaptieren. Ist das Können im eigenen Laborbereich nicht vorhanden, so sind entsprechende Schulungskurse zu empfehlen, die entweder von Hochschulen oder auch von Firmen veranstaltet werden. Das Hospitieren in befreundeten Laboratorien oder in Applikationslaboratioren von Geräteherstellern muß unbedingt empfohlen werden.

Es würde zu weit gehen, wenn die einzelnen Instrumente und Gerätekombinationen hier diskutiert würden. Einiges findet sich in der Literatur: Über den Einsatz von mechanisierten Analysenkanälen berichten J.K. Foreman & P.B. Stockwell in ihrem Buch „Automatic Chemical Analysis" (Ellis Horwood Ltd. 1975). Es werden die verschiedenen Apparaturen technisch beschrieben. Weniger ausführlich, aber besser zugänglich sind die Mitteilungen von J.T. Gemert: „Automatic Wet Chemical Analyzers and their Application". Talanta **20**, 1045 (1973) mit 445 Referenzen und von D.G. Porter und R. Sawyer: „Automatisierung analytischer Methoden" in Methodicum Chimicum I/2 S 1178, Georg Thieme, Stuttgart, 1973. Auch der Band 29 der Topics in Current Chemistry ist dem Thema gewidmet; Springer-Verlag 1972. Methoden sind über die bereits zitierten „Analytical Abstracts" oder über Firmenschriften zu finden, wobei die von der Firma Technicon herausgegebene Publikation: „Technicon Bibliography" 1967 – 1973, besonders umfassend ist.

10.4 Die Computerisierung

Die Computerisierung umfaßt die „automatische" Rohdatenverarbeitung, die „automatische" Proben-spezifische Steuerung von Instrumenten anhand von zuvor festgelegten Parametern oder gemessenen Daten. Sie umfaßt ferner Maßnahmen zur Unterstützung der Labororganisation und die Unterstützung der Interpretation von Analysenresultaten. Diese Art zur Hebung des Automationsgrades bietet heute viele Möglichkeiten und wird mit dem steigenden Entwicklungsstand der Elektronik auch preisgünstig.

Rohdatenverarbeitung

Die weiteste Verbreitung hat die Berechnung interpretierbarer Größen aus Rohdaten. Es werden Eichkurven berechnet und die bei den verschiedenen Proben anfallenden Meßwerte — gegebenenfalls unter Berücksichtigung eines Blindwertes — in Konzentrationen oder Mengen umgerechnet. Dabei können Krümmungen der Eichkurve, die Drift im Meßgerät und die Verschleppung von Probe zu Probe berücksichtigt werden. Über die kinetische Auswertung können sonst im Resultat enthaltene Größen von Störsubstanzen eliminiert werden. Es können die Flächen unter bestimmten Kurvenabschnitten — auch bei nicht konstanter „Null-Linie" integriert und auch die Anteile einander überdeckender Peaks errechnet werden. Titrationskurven können differenziert werden, um die schlecht auswertbaren Wendepunkte in gut definierte Maxima zu überführen.

Voraussetzung für solche Berechnung ist, daß die entsprechenden Rohdaten in digitaler Form vorliegen. Technisch kann die Rohdatenverarbeitung auf zwei Arten gelöst werden. Entweder ist das Rechenwerk direkt mit dem Instrument gekoppelt — die Auswertung geschieht dann unverzüglich — oder die auszuwertenden Rohdaten werden am Gerät lediglich in eine maschinenlesbare Form gebracht, also auf Lochkarten, Lochstreifen oder Magnetbändern gespeichert, die in einem separaten Rechner zu einem späteren Zeitpunkt eingelesen und ausgewertet werden können.

Die jeweils günstige Lösung ist abhängig vom Rechenaufwand, der Dringlichkeit der Resultate und der Anzahl der pro Zeiteinheit anfallenden Daten.

Die Möglichkeiten sind groß: Man hüte sich aber vor einem allzu großen Komplexitätsgrad und exotischen Rechenverfahren. In sehr vielen Fällen führt ein vermehrter Aufwand in die Suche oder Entwicklung von Analysenverfahren zu einfacheren Lösungen.

Schwierig bei der automatischen Rohdatenverarbeitung ist die Identifikation der Signale oder Signalfolgen. In einfachen Geräten wird dieses Problem durch sequentielle Zuordnung gelöst.

Entweder wird die Probe in das Gerät gegeben und so lange gewartet bis das entsprechende Signal vorliegt oder es wird ein Probenteller nach einer zuvor festgelegten Reihenfolge beschickt, z.B. Position 1, 11, 21 und 31 mit bekannten Standards, Position 2 und 22 mit Leerwerten, der Rest mit aufsteigend numerierten, zu analysierenden Proben. In der gleichen Reihenfolge fallen dann die Meß-Signale an. Dieses Verfahren bietet wenig Sicherheit gegen Verwechslungen.
Ein höherer Automationsgrad liegt bei der Verwendung von Identifikationslesern vor. Eine am Probenbehälter gut positionierte Karte wird im Moment der Probeentnahme optisch oder mechanisch gelesen, bis zur Messung gespeichert und dann mit der Darstellung des Analysenresultats ausgedruckt bzw. zur Verfügung gestellt. Standards und Leerproben erhalten einen eigenen Nummernkreis, so daß sie einfach und schnell aufzufinden sind.

Steuerung

Eine wesentliche Erhöhung der Flexibilität von Analysenkanälen ist gegeben, wenn das Rechenwerk nicht nur Signale entgegennimmt, sondern auch an den Analysenkanal sendet.
Automatisierte Titrationssysteme kommen beispielsweise nur selten ohne eine solche Vorrichtung aus, weil für Präzisionsmessungen oft nicht auf einen potentialmäßig definierten Endpunkt titriert werden kann, weil die Ansprechverzögerung der meisten Elektroden berücksichtigt werden muß und weil die zugrundeliegende chemische Umsetzung nicht immer schnell und reversibel abläuft. Alle diese Schwierigkeiten sind gut lösbar, wenn die Titrationsgeschwindigkeit – durch Kopplung der Bürette mit einem Rechenwerk – selbsttätig auf die Steilheit der Potentialänderung angepaßt wird.
Besonders elegant sind Verfahren, bei denen die Verknüpfung der Steilheit der Potentialänderung nicht über ein fest verdrahtetes Programm, sondern per Software über einen leicht programmierbaren Rechner geschieht. So können unterschiedliche Verfahren mit der entsprechenden Gerätekombination schnell und elegant ausgeführt werden.
Zur speditiven Erledigung von mehreren Analysen verschiedenster Art werden Gerätekombinationen angeboten, bei denen das Rechenwerk zudem die Parametereingabe – Zugabe von Reagenzien und Lösungsmitteln, Art der Elektrode und des Titrationsmittels sowie die Auswertung der Rohdaten mittels verschiedener individueller Verfahren – übernehmen.
Auf dem Gebiet der Photometrie sind ähnliche Analysenkanäle im Handel.

Unterstützung der Labororganisation durch EDV

Die elektronische Datenverarbeitung – on line oder off line – kann auch zur Unterstützung der Labororganisation eingesetzt werden.

Buchführung

Verbreitet ist die Übernahme der Buchführung. In diesem Fall wird außer der Rohdatenverarbeitung auch das Zusammentragen der einzelnen Analysenergebnisse aus den verschiedenen Analysenkanälen vom Rechner übernommen. Er führt eine Vollständigkeitskontrolle durch und druckt über eine geeignete Peripherie ein übersichtliches Analysenprotokoll aus. Das hat den Vorteil, daß Übertragungs- und Rechenfehler weitestgehend vermieden werden.
In peripheren Speichern führt der Rechner eine vollständige Dokumentation über eingegangene Proben, Art und Anzahl Analysen.

Qualitätskontrolle

Eine weitergehende Anwendung ist die noch abzuhandelnde Qualitätskontrolle, so daß die Meß-Resultate über Zuverlässigkeitskriterien zu gut interpretierbaren Informationen verdichtet werden.

Unterstützung der Interpretation

In einigen Fällen sind elektronische Datenverarbeitungssysteme bis zur selbsttätigen Interpretation der Informationen vorgedrungen. Das Aufstellen von *medizinischen Verdachtsdiagnosen* mit abnehmender Wahrscheinlichkeit auf Grund klinisch chemischer Analysenresultate ist − abgesehen vom unguten didaktischen Effekt − eine willkommene Hilfestellung.
Sind Analysengeräte in einem übergeordneten Automationssystem integriert (Prozeßautomation), so ist die selbsttätige Interpretation nach zuvor eingegebenen Kriterien eine Notwendigkeit, um anhand von automatisch vorgenommenen Entscheidungen in den zu regelnden Prozeß entsprechend einzugreifen.

Integration von automatischen Analysenkanälen in übergeordnete Automationssysteme

Automatische Analysengeräte in übergeordneten Automationssystemen sind nur wirtschaftlich, wenn sie entsprechend verläßlich arbeiten, d.h. wenn sie sich selbst durch ständige interne Kontrolle überwachen. Die einsetzbaren Analysenverfahren müssen die zu interpretierenden Größen möglichst direkt messen, also möglichst ohne Probenaufbereitung. Das Verfahren muß hohe Reproduzierbarkeit und Genauigkeit haben und unempfindlich gegen äußere Einflüsse sein, so daß Art und Ausmaß des Meß-Signals direkt, d.h. ohne Verrechnung mit Resultaten anderer Systeme − mit der zu regelnden Größe korreliert. Wünschbar ist, daß das Verfahren auch normalerweise nicht zu erwartende Komponenten anzuzeigen vermag.

Ein besonderes Problem ist die Probenentnahme aus dem zu regelnden
Prozeß.

10.5 Vor- und Nachteile der Automation

Mit steigendem Automationsgrad der Analysendurchführung treten eine
Reihe von Vor- und Nachteilen zu tage, auf die entsprechend Rücksicht zu
nehmen ist.
Bei großem Probenanfall und vor allem bei großen Serien ist auf der Seite
der Vorteile die *Leistungssteigerung* des Laborbereiches am spektakulärsten.
Die Laborgrundoperationen laufen in den Geräten selbsttätig und zeitlich
eng verknüpft ab. Allein dadurch sind mehr Analysen pro Zeit durchführbar
als bei manueller Technik. Zudem können Randzeiten, Tee- und Mittagspausen, ja sogar Nacht und Wochenenden zur selbsttätigen Erledigung von
Analysenaufträgen ausgenutzt werden. Die Einsparung von Laborpersonal
resultiert in einer teilweise erheblichen Senkung der Kosten pro Analyse.

Die kurzfristige Erhältlichkeit und die geringen Kosten der Analysenresultate
animieren dazu, *Mehrfachanalysen* durchzuführen und die Reproduzierbarkeit von Resultaten sorgfältig abzuklären und zu belegen. So werden zuverlässigere und besser interpretierbare Daten erhalten.
Eine bessere *Reproduzierbarkeit* ist je nach Problemstellung durch die stets
gleichen physikalischen Bedingungen gegeben, unter denen die Laborgrundoperationen in automatisierten Analysengeräten ablaufen. Dies gilt auch für
Parameter wie Mischintensität und Zeit, auf die bei manuellem Arbeiten nicht
so sehr geachtet wird.
Ein weiterer Vorteil bei hohem Automationsgrad liegt in der *Objektivierung*
der Resultate: Es gibt keine Lehrlings- oder Montagsanalysen.
Den Vorteilen stehen eine Reihe von *Nachteilen* gegenüber, die nicht verschwiegen werden sollen. Zwar läßt sich ein Teil des mit den Investitionskosten verbundenen Risikos über eine sorgfältige Planung und Auswahl von
Geräten abbauen. Andererseits sind die bis heute entwickelten Analysengeräte mit hohem Automationsgrad recht unflexibel. Das Umrüsten der Parameter von einer Methode zur anderen ist oft zeitaufwendig, so daß sich eine
weitgehende Hebung des Automationsgrades nur für so große Serien – oder
allenfalls eine so große Anzahl ähnlicher Analysen – lohnt, daß die Kapazität eines solchen Gerätes größtenteils ausgenutzt wird. Personal- und zeitintensiv ist die Adaption von manuellen Analysenverfahren an bestehende,
hochgradig automatisierte Analysensysteme. Dies gilt in ganz besonderem
Maße für die Operationen zur Hebung der Selektivität. Endlich sind Analysengeräte mit hohem Automationsgrad oft störanfällig. In komplexen Analysen-

automaten müssen Elektronik, Mechanik und Chemie in stets wechselnden Kombinationen ineinandergreifen. Dazu fehlt vielen Instrumentherstellern die notwendige Erfahrung.

Neben den finanztechnischen und fachlichen Schwierigkeiten bestehen auch organisatorische Schwierigkeiten und Personalprobleme. Automationssysteme haben in der Regel eine viel größere Kapazität als die historisch gewachsenen Laboreinheiten, so daß zur Auslastung der Geräte eine organisatorische Umstrukturierung oder gar die Zentralisierung verschiedenster Laborbereiche notwendig werden kann.

Während ein niederer Automationsgrad das bestehende Personal von Routinearbeiten weitgehend entlastet, ist das Personal im vollautomatisierten Labor nicht mehr der mit allen analytischen Künsten und Kniffen vertraute Analytiker, sondern ein Mitarbeiter mit Organisationstalent, mit mechanischem, vielleicht sogar elektronischem Geschick, mit Kenntnissen in statistischem Denken, im Programmieren von Datenverarbeitungsgeräten und mit einem soliden physikalisch-chemischen Grundwissen. Darüber hinaus braucht es Hilfskräfte zur Durchführung der nicht automatisierten Operationen.

11. Die Qualitätskontrolle

In diesem Abschnitt geht es darum, sich Gedanken über die *Güte der Analysenresultate* zu machen. Nichts ist unangenehmer als wenn man aus falschen, nicht weiter überprüften Resultaten die falschen Schlüsse zieht und durch die dann eingeleiteten Maßnahmen in ein noch größeres Dilemma gerät.
Damit der Leser sich eine Vorstellung von dem Risiko machen kann, das mit der Interpretation von unkontrollierten Daten einhergeht, seien die Ergebnisse von zwei sogenannten Ringversuchen zitiert.
Zur Durchführung von *Ringversuchen* wird geeignetes Material gut homogenisiert, in mehrere Einzelproben aufgeteilt und an die am Rundversuch teilnehmenden Laboratorien versandt. Dort werden diese Einzelproben auf zuvor festgelegte Konstituenten analysiert. Die gefundenen Resultate werden an den Veranstalter des Ringversuchs – Fachverbände, Gesellschaften und Vereinigungen – geschickt.

Eine Vorbemerkung

Die hier zitierten Beispiele sind wegen ihrer Eindrücklichkeit ausgewählt worden. Sie sind – das sei ausdrücklich angemerkt – nicht typisch für die analytische Chemie im allgemeinen, wohl aber für manche Spezialgebiete.

Ringversuche werden auf dem Gebiet der klinischen Chemie sehr häufig durchgeführt. Ein immer mitbestimmter Parameter ist die Glukose, welcher unter anderem zur Diagnose der Zuckerkrankheit benötigt wird. Je nach dem, welche Art Laboratorien vom Ringversuch erfaßt werden – Universitätskliniken, Bezirkskrankenhäuser, Arztpraxen – werden unter Umständen Resultate von 80 bis 180 mg/100 ml Serum zurückgeschickt, wenn der Sollwert bei 120 mg/100 ml Serum liegt.
Diese Konzentrationen müssen mit den Normwerten gesunder Probanden verglichen werden, die bei 80 – 100 mg/100 ml Serum liegen.

Die möglichen Konzequenzen aus Fehlbestimmungen werden deutlich, wenn man sich das weitere Vorgehen vor Augen führt: Bei zu niederer Glukosekonzentration wird man Glukose geben. Bei zu hoher Konzentration wird man z.B. Insulin spritzen, um den Blutzuckerspiegel zu senken. Bei Fehlbestimmungen und unklarem „klinischem Bild" kann durchaus eine falsche Maß-

nahme getroffen werden, die – wenn sie auch nicht gleich zum Schlimmsten führt – einen unangenehmen Zwischenfall darstellt.
Das zweite Beispiel betrifft die Umweltanalytik. Auch auf diesem Teilgebiet der Analytik sind Ringversuche üblich und notwendig.
Es wurde schon auf die Schwierigkeiten der Spurenanalyse aufmerksam gemacht: Es gilt Analysenverfahren einzusetzen, die sehr geringe Mengen der zu bestimmenden Komponente in Gegenwart hoher Konzentrationen von Begleitsubstanzen erfassen. Es ist daher nicht verwunderlich, daß – je nach teilnehmenden Laboratorien – Resultate mit Unterschieden von 100% und mehr zurückgesandt werden. Eine falsche Analytik kann in diesem Fall dazu führen, daß harmlose Verfahren als giftig verschrien oder weitaus unangenehmer: daß potentiell giftige Abfälle bedenkenlos der Natur übergeben werden.
Um solche Fehlleistungen wenn immer möglich auszuschließen, muß eine geeignete Qualitätskontrolle durchgeführt werden. Geeignet ist ein Vorgehen, welches möglichst viele Umstände berücksichtigt, die sich auf das Ergebnis auswirken können. Also die Analysenvorschrift, das Analysensystem, das Referenz- und das Vergleichssystem, die Güte der Labororganisation, die Ausbildung des Personals, die Verläßlichkeit der eingesetzten Geräte, Instrumente und Automaten, die Tauglichkeit der Konservierungsmethoden, die Sorgfältigkeit der Durchführung.
Je komplizierter ein Analysenverfahren, je anspruchsvoller die verlangte Genauigkeit und Präzision, je schwerwiegender die Konsequenzen eines nicht abgesicherten Resultats, je komplizierter und unübersichtlicher die Labororganisation und je niederer der Ausbildungsgrad des Personals, desto sorgfältiger und enger sollte das Netz der Kontrolle sein. In hochgradig automatisierten Laboratorien ist die Qualitätskontrolle nicht nur einfacher, sondern auch notwendiger, weil die Laboperationen selbsttätig ablaufen, ohne vom erfahrenen Mitarbeiter kontrolliert zu werden. Andererseits muß der Aufwand der Kontrollverfahren in einem wirtschaftlich vertretbaren Rahmen bleiben. Auch in diesem Zusammenhang gilt der Grundsatz, daß nicht mehr Information produziert werden soll, als zur Interpretation der Ergebnisse notwendig ist.

11.1 Die Kontrollverfahren

Es gibt mehrere Möglichkeiten, die Güte von Analysenresultaten abzuschätzen, die alle – je nach Art der Problemstellung – gewisse Vorteile haben.

Qualitative Kontrolle

Weit verbreitet ist die Kontrolle der einzelnen zur Durchführung der Analysenprozedur notwendigen Schritte. Das geschieht durch ständige, kritische Beobachtung aller während der Ausführung der Laborgrundoperationen in Erscheinung tretenden Phänomene und eine ständige Entscheidung darüber, ob alles im geordneten, erwarteten Rahmen abläuft. Eine solche Kontrollart verlangt höchste Aufmerksamkeit von bestens geschultem Personal. Der Vorteil dieser Art Kontrolle ist, daß bei Fehlmanipulationen sehr frühzeitig korrigierende Maßnahmen ergriffen werden können. Der Nachteil ist, daß bei großem personellen Aufwand nur ein qualitatives, vom jeweiligen Beobachter stark abhängiges Urteil erhalten wird. Es ist bei zuverlässigem Personal hauptsächlich bei heiklen, diffizilen Einzelanalysen angezeigt.

Quantitative Kontrolle

Im zweiten Verfahren wird das Analysenverfahren als Ganzes über das Resultat getestet. Samt den zur Analyse kommenden Proben mit unbekanntem Gehalt, samt den notwendigen Standardproben, werden Proben mit bekanntem Gehalt der Analysenprozedur unterworfen. Die Differenz zwischen Soll- und Istwert solcher Proben gibt einen Anhaltspunkt für die Genauigkeit der Analysen. Die Streuung der gefundenen Resultate ist ein Maß für die Präzision.
Der Vorteil dieser Art Kontrolle liegt darin, daß bei geeigneter Auswertung der Zahlenwerte − darauf wird noch einzugehen sein − ein quantitatives Maß erhalten wird.

Plausibilitätskontrollen

Außer diesen auf die Durchführung bezogenen Kontrollverfahren werden auf das Resultat bezogene Plausibilitätskontrollen anzustellen sein.

Immer läßt sich der gefundene Wert mit einem erwarteten Wert vergleichen. Dieser kann entweder aus der Fragestellung selbst herausgelesen werden oder es kann ein Erfahrungswert sein. Bei anomalen Resultaten ist dies eine sehr wertvolle Kontrolle zum Auffinden von sogenannten Querschlägern, das sind gänzlich falsche Analysenwerte, die auf groben Fehlern − z.B. Rechenfehlern − beruhen. Bei normalen, erwarteten Analysenresultaten wird dagegen eine falsche Sicherheit vorgetäuscht.
Zur Plausibilitätskontrolle gehört auch, daß in einer vollständig analysierten Probe nicht mehr als 100% enthalten sein kann, d.h. die Summe der relativen Konzentrationen aller Komponenten darf 100% nicht übersteigen.
Bei der Analyse von Salzen muß die Summe der positiven Ladungen gleich der Summe der negativen Ladungen sein.

Bei der wiederholten Analyse von großen Kollektiven, in denen nur individuelle Schwankungen eines Parameters vorkommen können, darf der Mittelwert des analysierten Parameters für das Gesamtkollektiv nur wenig schwanken.

11.2 Die Durchführung der quantitativen Qualitätskontrolle

Bezüglich der Interpretation von Analysenergebnissen hat die quantitative Qualitätskontrolle sicherlich den größten Wert. Die sachgemäße Durchführung wird hier beschrieben.

Material

Verbreitet ist das laborinterne Aufteilen von zur Analyse eingeschickten Proben, die dann separat analysiert werden und zu sogenannten Doppelwerten oder Dreifachwerten etc. führen. Bei einem solchen Vorgehen können jedoch nur Streuungen erwartet werden, die der Wiederholbarkeit entsprechen, also eine zu gute Präzision vortäuschen. Genügende Stabilität und sachgemäße Lagerung vorausgesetzt, ist es günstiger, wenn ähnliche Proben, die zu einem früheren Zeitpunkt – z.B. Vortag – analysiert wurden, zu diesem Zweck verwendet werden. Die dann gefundenen Streuungen entsprechen eher der Reproduzierbarkeit. Beide Vorgehensweisen können nur Zahlenwerte für die Präzision, nicht aber für die Genauigkeit liefern. Für deren Bestimmung müssen Proben eingesetzt werden, bei denen der Gehalt bekannt ist. Solche Substanzen sind entweder käuflich oder können – etwas aufwendig – selbst hergestellt werden.

Personal

Die Glaubwürdigkeit der Qualitätskontrolle steigt, wenn sie nicht von dem die Analyse ausführenden Personal, sondern von einer hierarchisch hochstehenden Persönlichkeit durchgeführt wird. Sie wird aussagekräftiger, wenn sie als Blindversuch durchgeführt wird, d.h. die erwartete Konzentration ist bis zur Fertigstellung des Analysen-Protokolls niemandem bekannt.

Die Resultate von Kontrollproben sind als solche nicht aussagekräftig, sie müssen einer statistischen Auswertung unterzogen werden.

11.3 Die Auswertung

„Statistik" ist für viele der hier angesprochenen Wissenschaftler wenig attraktiv. Schuld daran sind die kompliziert aussehenden Formeln, und daß ungewohnterweise nicht handfeste Größen errechnet werden, sondern Wahrscheinlichkeiten, die an allerlei Bedingungen geknüpft sind. Diese beiden Hürden können weitgehendst abgebaut werden, wenn das folgende, der Anschaulichkeit der Zusammenhänge sehr zuträgliche Vorgehen gewählt wird:

1. Tabellieren der gefundenen Werte in einer übersichtlichen Art. Die Beschriftung muß so ausführlich sein, daß die Tabelle als solche verstanden werden kann.
2. Die Wertepaare werden graphisch dargestellt, so daß ein optischer Eindruck von den Zusammenhängen entsteht. Insbesondere dieser Schritt ist dem Verständnis sehr zuträglich, er hat gegenüber dem nachfolgenden Schritt den Vorteil, daß er an keine mathematischen Voraussetzungen gebunden ist.
3. Der dritte Schritt ist das Berechnen sinnvoller Größen, die in der Folge in die graphische Darstellung übernommen werden sollten, um ihre Plausibilität visuell überprüfen zu können.

In sehr vielen Laboratorien werden heute zur Errechnung der Zahlenwerte programmierbare Tischrechner eingesetzt. Sie erlauben es, auch aufwendige Rechenverfahren schnell durchzuführen. In diesem Abschnitt werden dagegen nur einige rudimentäre Verfahren aufgezeigt und durchgerechnet. Darüber hinaus wird auf weiterführende Fachliteratur aufmerksam gemacht. Im übrigen gilt hier gleich wie beim Auffinden von Analysenverfahren, daß eine einstündige Diskussion mit einem Fachmann, in diesem Fall mit einem Statistiker, mehr bringt, als tagelanges Herumprobieren.

Präzision

Die eben beschriebene Arbeitsweise soll nun anhand der Messung der Wiederholbarkeit bzw. Reproduzierbarkeit demonstriert werden. Zwei Beispiele:

Einerseits sei angenommen, man habe die Analyse eines Produktes stets so ausgeführt, daß Doppelwerte angefallen sind. Die dazugehörige Tabelle 2 sieht dann etwa so aus:

Tabelle 2. Auflistung der Doppelwerte aus einem Analysenverfahren, das zu verschiedenen Zeiten ausgeführt wurde

Datum	2.I.	9.I.	16.I.	23.I.	30.I.	6.II.	13.II.	20.II.	27.II.	5.III.
1. Wert (x)	7.30	4.78	6.86	2.44	5.43	6.37	5.64	4.98	5.04	7.12
2. Wert (y)	7.42	4.73	6.90	2.47	5.43	6.37	5.62	5.00	5.05	7.08

Andererseits sei angenommen, man habe eine genügend stabile, sorgfältig homogenisierte, in mehrere Tochterproben aufgeteilte Probe bei der jeweiligen Untersuchung des Produktes mitanalysiert. Die tabellartische Auflistung der Ergebnisse würde etwa folgendermaßen geschehen (Tabelle 3).

Tabelle 3. Analysenergebnisse für eine Kontrollprobe, die täglich dem ausgeführten Analysenverfahren unterworfen wurde

Datum	Ergebnis
2.I.	1.00
3.I.	1.01
5.I.	1.00
6.I.	1.00
7.I.	1.01
8.I.	1.00
9.I.	1.02
10.I.	1.03
12.I.	1.04
13.I.	1.03
14.I.	1.03
15.I.	1.02
16.I.	1.01
17.I.	1.01
19.I.	1.00
20.I.	0.99
21.I.	0.98
22.I.	0.97
23.I.	0.98
24.I.	1.02
26.I.	1.03
27.I.	1.05
28.I.	1.07
29.I.	1.09

Die graphische Darstellung geschieht im ersten Fall zweckmäßiger in den Koordinaten erster Wert und zweiter Wert, wie es Abb. 14 zeigt.

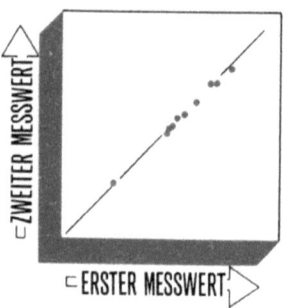

Abb. 14. Die graphische Darstellung der Doppelwerte aus Tabelle 2 ergibt einen ersten Eindruck von der Präzision

Bei identischen Doppelwerten würden die Punkte alle auf der 45°-Geraden liegen. Durch die Streuung kommen sie auch zu beiden Seiten dieser Gerade vor, so daß ein mehr oder weniger breites Band entsteht, das einen ersten Eindruck über die Streuung vermittelt, was in diesem Fall ein Maß für die Wiederholbarkeit ist.

Die Möglichkeiten zur Darstellung der Ergebnisse aus der zweiten Versuchsanordnung – zur Ermittlung der Reproduzierbarkeit geeignet – sind vielfältiger.

Üblich ist das Auftragen der gefundenen Werte gegen die Zeit – z.B. das Datum. Der Vorteil gegenüber der vorigen Darstellung liegt auf der Hand: Es läßt sich eine zeitliche Entwicklung erkennen und verfolgen, so daß rechtzeitig eine entsprechende Maßnahme ergriffen werden kann. Die Werte der zweiten Versuchsanordnung sind in Abb. 15 dargestellt. Man gewinnt den Eindruck, daß anfänglich nur zufällige Fehler aufgetreten sind, und daß sich dann zusätzliche systematische Fehler in das Analysenverfahren eingeschlichen haben.

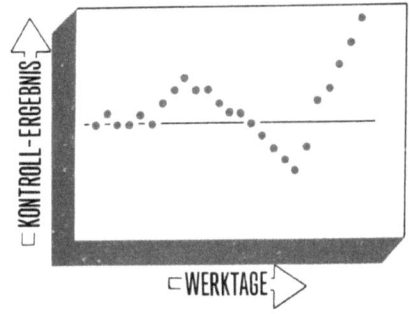

Abb. 15. Eine Möglichkeit, die Analysenergebnisse aus Tabelle 3 darzustellen: Nach anfänglich nur zufälligen Fehlern kommen dann positive und negative systematische Fehler hinzu

Das Auftreten von systematischen Fehlern kann sehr viel eindrücklicher dargestellt werden, wenn nicht die Meßwerte gegen die Zeit aufgetragen werden, sondern die *kumulativen Fehler*. Dazu wird von den Meßwerten der Sollwert – im Beispiel mit 1.00 angenommen – abgezogen. Der absolute Betrag dieser Differenz wird täglich summiert. Die Berechnung ist für das zweite Zahlenbeispiel in Tabelle 4 durchgeführt worden.

Tabelle 4. Berechnung der summierten Fehler für die Meßwerte aus Tabelle 3

Datum	Ergebnis	Differenz	summierte Differenz
2.I.	1.00	0.00	0.00
3.I.	1.01	0.01	0.01
5.I.	1.00	0.00	0.01
6.I.	1.00	0.00	0.01
7.I.	1.01	0.01	0.02
8.I.	1.00	0.00	0.02
9.I.	1.02	0.02	0.04
10.I.	1.03	0.03	0.07
11.I.	1.04	0.04	0.11
13.I.	1.03	0.03	0.14
14.I.	1.03	0.03	0.17
15.I.	1.02	0.02	0.19
16.I.	1.01	0.01	0.20
17.I.	1.01	0.01	0.21
19.I.	1.00	0.00	0.21
20.I.	0.99	0.01	0.22
21.I.	0.98	0.02	0.24
22.I.	0.97	0.03	0.27
23.I.	0.98	0.02	0.29
24.I.	1.02	0.02	0.31
26.I.	1.03	0.03	0.34
27.I.	1.05	0.05	0.39
28.I.	1.07	0.07	0.46
29.I.	1.09	0.09	0.55

Die graphische Darstellung ist in Abb. 16 gegeben, wobei die Zeitpunkte an denen die systematischen Fehler das erste Mal auftraten, durch je einen Knick charakterisiert sind:

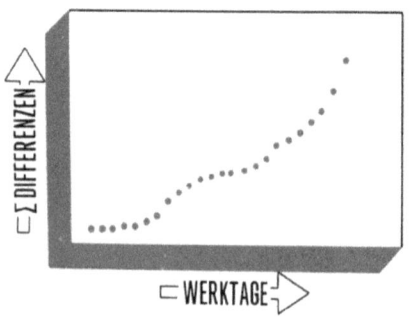

Abb. 16. Eine zweite Möglichkeit, die Analysenwerte aus Tabelle 3 darzustellen: Die Summe der Differenzen vom Sollwert ergaben gut erkennbare Wendepunkte, zu deren Zeit die Fehler das erste Mal auftraten

Eine dritte Möglichkeit der Darstellung ist das Abtragen in den Koordinaten Meßwert einerseits und Häufigkeit mit der die Meßwerte erhalten wurden andererseits. Diese Art Graphik (Abb. 17) ist nicht so sehr von praktischem, als vielmehr von theoretischem Nutzen, sie macht das Vorgehen beim Berechnen der Streuung verständlich.

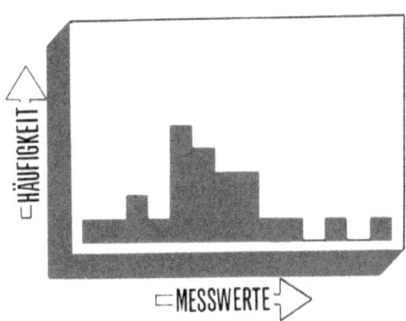

Abb. 17. Die Analysenergebnisse aus Tabelle 3 sind hier gegen die Häufigkeit, mit der sie vorkommen, aufgetragen

Die Darstellung gibt zu erkennen, daß es Werte gibt, die öfter vorkommen und damit wahrscheinlicher sind und solche, die selten vorkommen und damit unwahrscheinlicher sind. [Kommen sehr verschiedenartige Zahlen vor (z.B. die meisten der Zahlen zwischen 1 und 100) so müssen diese für eine analoge Darstellung zu Klassen (z.B. 1 – 5, 6 – 10, 11 bis 15, etc.) zusammengefaßt werden].
Außerdem kann aus Abb. 17 der Meßwertbereich entnommen werden, das ist derjenige Bereich, in dem überhaupt Meßwerte vorkommen: Ein erstes, nicht sehr aussagekräftiges Maß für die Streuung.
Das führt uns zum dritten Komplex: der Berechnung von sinnvollen Zahlenwerten zur Charakterisierung von Streuungen. Eine dazu geeignete Maßzahl ist die Standardabweichung.
Die Berechnung von *Mittelwert* und *Standardabweichung* geschieht nach den im folgenden gegebenen Rechenregeln: Zunächst wird der Mittelwert $\bar{x}$ aus der möglichst großen Anzahl Einzelmessungen ermittelt (x sind die einzelnen Meßwerte, n ist deren Anzahl):

$$\bar{x} = \frac{x_1 + x_2 + x_3 + \ldots x_n}{n}.$$

Darauf werden die Abweichungen der einzelnen Meßwerte vom Mittelwert errechnet

$$D_i = x_i - \bar{x}$$

und schlußendlich die Standardabweichung ausgerechnet:

$$s = \sqrt{\frac{D_1^2 + D_2^2 + D_3^2 + \ldots D_n^2}{n-1}}.$$

Vielfach wird die „relative Standardabweichung" bzw. der „Variationskoeffizient" angegeben. Diese Größe ist jedoch vom gefundenen Mittelwert abhängig. Die Rechenregel ist

$$V = \frac{s}{\bar{x}} \cdot 100\%.$$

Analysenverfahren hoher Präzision geben Variationskoeffizienten von 0.1 bis 1%. Routineverfahren liegen je nach Zielsetzung zwischen 1 und 5%, in Ausnahmefällen bei 10%.

Die Berechnung des Mittelwertes und der Standardabweichung soll zur Verdeutlichung hier für die ersten acht Meßwerte der zweiten Versuchsanordnung durchgeführt werden (Tabelle 5).

Tabelle 5. Tabellarische Übersicht zur Berechnung der statistischen Größen: Mittelwert, Standardabweichung und Variationskoeffizient aus den ersten 8 Meßwerten aus Tabelle 3

Tag	Meßwerte	Differenz $(\bar{x} - x_i)$	Quadrat ($\cdot 10^{-4}$) $(\bar{x} - x_i)^2$
2.I.	1.00	− 0.01	1
3.I.	1.01	± 0.00	0
5.I.	1.00	− 0.01	1
6.I.	1.00	− 0.01	1
7.I.	1.01	± 0.00	0
8.I.	1.00	− 0.01	1
9.I.	1.02	+ 0.01	1
10.I.	1.03	+ 0.02	4
	Summe = 8.07		Summe = $9 \cdot 10^{-4}$

Der Mittelwert beträgt: $\bar{x} = \frac{\Sigma x_i}{n} = \frac{8.07}{8} \approx \underline{1.01}$.

Die Standardabweichung ist

$$s = \sqrt{\frac{\Sigma(\bar{x} - x_i)^2}{n-1}} = \sqrt{\frac{9 \cdot 10^{-4}}{7}} \approx \underline{1.3 \cdot 10^{-2}}.$$

Der Variationskoeffizient berechnet sich zu

$$V = \frac{s}{\bar{x}} \cdot 100 = \frac{1.3 \cdot 10^{-2}}{1.01} \cdot 100 \approx \underline{1.3\%}.$$

Diese Werte können nun in die graphische Darstellung übernommen werden, z.B. der Mittelwert und der Bereich, in dem etwa 90% der Werte liegen sollten, was ungefähr $\bar{x} \pm 2\,s$ entspricht und der Bereich $\bar{x} \pm 3\,s$, in dem praktisch alle Werte liegen sollten (s. Abb. 18). Solche Grenzen erleichtern die Interpretation der Graphik entscheidend. Zur routinemäßigen Beurteilung eines Analysenverfahrens können die $\pm 2\,s$-Grenzen als „Warngrenzen" bezeichnet werden. Kommen die Kontrollwerte nur innerhalb solcher Grenzen vor, so kann angenommen werden, daß alles zum besten steht. Die $\pm 3\,s$-Grenzen können als „Kontrollgrenzen" bezeichnet werden. Kommen die Kontrollwerte außerhalb dieser Grenzen vor, so ist es sehr wahrscheinlich, daß das Analysenverfahren „außer Kontrolle" ist. Kontrollwerte zwischen Warn- und Kontrollgrenzen sollen nur vereinzelt vorkommen.

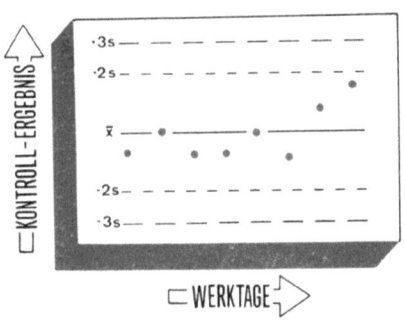

Abb. 18. Graphische Darstellung der ersten Schlußwerte aus Tabelle 3 mit „Warngrenzen" = $\bar{x} \pm 2\,s$ und Kontrollgrenzen = $\bar{x} \pm 3\,s$

Es bleibt noch, die Streuung der Ergebnisse im ersten Beispiel zu berechnen. Als Rechenregel wird benutzt

$$s = \sqrt{\frac{\Sigma(x-y)^2}{4\,m}}.$$

In dieser Formel bedeuten: $(x - y)$ die Differenz der beiden Doppelwerte und m deren Anzahl.

Zur Verdeutlichung wird dieses Verfahren wieder für die ersten fünf Meßwerte angewendet (Tabelle 6).

Tabelle 6. Tabellarische Übersicht zur Berechnung der Regressionsgeraden und der Streuung für die ersten 5 Meßwerte aus Tabelle 2

Tag	Meßwert I = x	Meßwert II = y	Differenz = (x − y)	Quadrate = $(x - y)^2$
2.I.	7.30	7.42	− 0.12	0.0144
9.I.	4.78	4.73	+ 0.05	0.0025
16.I.	6.86	6.90	− 0.04	0.0016
23.I.	2.44	2.47	− 0.03	0.0009
30.I.	5.43	5.43	± 0.00	0.0000
				$\Sigma = 0.0174$

$$s = \sqrt{\frac{0.0174}{4 \cdot 5}} = \sqrt{0.00087} \approx 0.03\,.$$

Die Standardabweichung wird wiederum in die Graphik übernommen (Abb 19.).

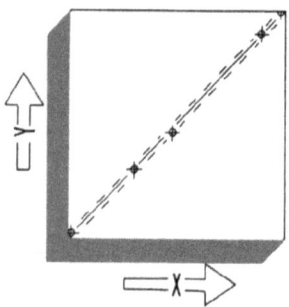

Abb. 19. Graphische Darstellung eines Ausschnitts der aus Tabelle 6 entnommenen Werte mit ± 2 s-Grenzen

Genauigkeit

Die Prüfung der Genauigkeit bereitet größere Schwierigkeiten.

Referenzverfahren

In der zweiten Versuchsanordnung zur Ermittlung der Präzision besteht die Möglichkeit zum Messen der Genauigkeit, wenn der Sollwert durch Analyse mit einem Referenzverfahren bestimmt werden kann. Der mathematische Vergleich gelingt mit der folgenden Rechenregel:

$$\frac{\bar{x}_1 - \bar{x}_2}{2} > \sqrt{\frac{2}{N}} \cdot t_{(N)}.$$

$\bar{x}_1$ ist der Mittelwert der Resultate, die mit dem zu kontrollierenden Analysenverfahren erhalten wurden, im Beispiel also 1.01.
$\bar{x}_2$ ist der mit dem Referenzverfahren gefundene Mittelwert.
N ist die Anzahl Einzelmessungen, aus denen die Mittelwerte errechnet wurden, für beide Verfahren gleich viel.
$t_{(N)}$ ist der von der statistischen Sicherheit abhängige Faktor aus Tabelle 7.

Tabelle 7. Werte von $t_{(N)}$

Anzahl der Meßwerte	Statistische Sicherheit S		
N	95 %	99 %	99.73 %
2	12.71	63.66	235
3	4.30	9.92	19.20
4	3.18	5.84	9.22
5	2.78	4.60	6.62
6	2.57	4.03	5.51
7	2.45	3.71	4.90
8	2.37	3.50	4.53
9	2.31	3.36	4.27
10	2.26	3.25	4.09
25	2.06	2.80	3.34
∞	1.96	2.58	3.00

Für ein einfaches Analysenverfahren gilt ein Unterschied, der unterhalb der 95% Sicherheitsgrenze liegt als zufällig, oberhalb der 99% Grenze als gesichert.

Wiederfindung

Ist ein Referenzverfahren nicht bekannt, oder kann es in Ermangelung entsprechender Instrumente nicht durchgeführt werden, so kann folgendes Vorgehen gewählt werden: Zu bereits analysierten Proben niedrigen Gehalts werden kleine Mengen an reiner zu analysierender Komponente zugesetzt. Durch Analyse dieser Proben kann eine Wiederfindungsquote errechnet werden, sie soll nicht wesentlich von 100% abweichen.

Reaktionskinetik

Enthält die Analysenvorschrift eine genügend langsame, meßbare Reaktion, so kann die Reaktionskinetik des Analysensystems mit derjenigen des Referenzsystems verglichen werden. Für Reaktionen nullter Ordnung kann lediglich der Linearitätsbereich beurteilt werden, für Reaktionen erster Ordnung kann zudem die Halbwertszeit bzw. die Reaktionsgeschwindigkeitskonstante für beide Systeme berechnet und verglichen werden.

Durch Messen der Reaktionskinetik kann oft auch entschieden werden, ob sich zugesetzte Reinsubstanz gleich verhält, wie die ursprünglich in der Probe vorhandene Komponente.

Mehrere Signale, Spektrum, Chromatogramm

Die Ähnlichkeit von Referenz- und Analysenverfahren kann auch geprüft werden, indem die durch das Analysenverfahren hervorgebrachte Eigenschaftsänderung nicht nur mittels eines Parameters, sondern mit mehreren Parametern erfaßt und verglichen wird. Speziell geeignet für diese Methoden sind Verfahren, die ein Spektrum bzw. Chromatogramm ergeben.

11.4 Die Fehlersuche

Sinnvoll eingesetzt sollen die Kontrollverfahren nicht nur eine Maßzahl geben, die bei der Interpretation der Ergebnisse zu berücksichtigen ist, sondern sie sollen auch mithelfen, die Qualität der Analysenverfahren zu verbessern.

Das Feststellen ob und wann nicht mehr akzeptable Werte entstanden, kann schon mit den geschilderten graphischen Verfahren geschehen. Insbesondere ist die in der Graphik 18 gegebene Darstellung geeignet. Drei typische Umstände:

Kontrollwerte außerhalb der ± 3 s-Grenze sind sehr suspekt, bei mehrmaligem Auftreten lohnt eine Abklärung sicherlich.

Liegen mehrere, aufeinanderfolgende Werte auf einer Seite der $\bar{x}$-Geraden, so ist ein systematischer Fehler sehr wahrscheinlich, je nach Ausmaß dieser Abweichung und Anzahl aufeinanderfolgender Werte ist eine Abklärung angezeigt.

In jedem Fall *muß* eine Untersuchung der Fehlerursachen eingeleitet werden, wenn der gefundene Mittelwert nicht mit dem Sollwert übereinstimmt.

Welches Vorgehen ist hier angezeigt?
Wiederum ein Zergliedern. Ein Zergliedern des gesamten Analysenverfahrens in seine Untereinheiten. Zunächst geht es darum, festzustellen, ob der Fehler bei der Kontrolle oder beim Analysieren unterläuft, denn auch im Kontrollverfahren können selbstverständlich Fehler auftreten. Beim Analysenverfahren kann es die Instrumentation, das Einhalten der Analysenvorschrift, die Wahl der zu untersuchenden Systeme bzw. die Probenahme sein. All diese Komplexe sind ihrerseits aus Untereinheiten aufgebaut, Abb. 20 verdeutlicht das.

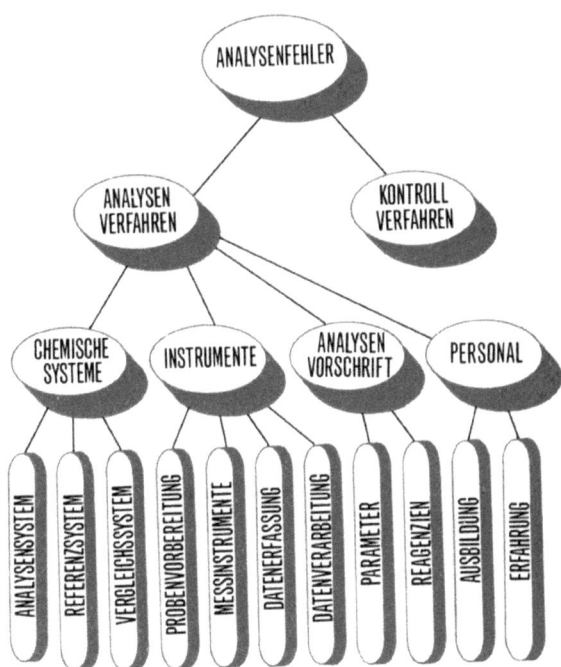

Abb. 20. Wege zum Auffinden von Fehlerursachen durch Zergliedern des Gesamtverfahrens

Typische Fehler

- Die Proben haben eine zu niedrige Repräsentanz.
- Die Instrumente sind ungeeignet oder defekt, wobei folgende Umstände zu unterscheiden sind:
  Die Erfassungsgrenze ist nicht ausreichend.
  Die Empfindlichkeit ist ungenügend.
  Der Meßbereich ist zu eng.
  Die Reproduzierbarkeit der Meß-Signale und deren Umformung reicht nicht aus.
- Die Analysenvorschrift ist ungeeignet, wobei die bei den Instrumenten aufgezählten Fehlermöglichkeiten analog zu untersuchen wären, nämlich:
  eine ungenügende Nachweisgrenze und
  eine mangelnde Empfindlichkeit.

— Das Analysensystem und das Referenzsystem passen bezüglich dem ausgewählten Analysenverfahren nicht zueinander, indem sie sich gegenüber dem eingesetzten Agens unterschiedlich verhalten.
— Zudem unterlaufen dem eingesetzten Personal hin und wieder Fehler.

Das Einkreisen der Fehlerursache geschieht so, wie es am Anfang des Buches geschildert wurde: Es müssen Hypothesen aufgestellt werden, die mittels bekannter Information auf ihre Plausibilität geprüft werden. Das Evaluieren der Hypothesen läuft auf einen Ist/Soll-Vergleich hinaus, wobei das Ist durch das Analysenprotokoll, die Parametereinstellungen an Apparaturen und durch Beobachtungen gegeben ist. Das Soll ist in der Analysenvorschrift festgelegt.

Wenn sich so plausible Fehlerursachen ergeben, können diese eliminiert werden. Der Erfolg dieser Maßnahmen kann anhand einer neuerlichen Analyse von Kontrollproben geprüft werden.

Läßt sich das Problem so nicht lösen, kann das Analysenverfahren vereinfacht werden, indem eine oder mehrere der folgenden Maßnahmen getroffen werden:
— die zu untersuchenden Systeme werden durch Primärstandards ersetzt.
— unter Verwendung von Reinsubstanzen wird die Probenvorbereitung weitgehend weggelassen.
— die Datenverarbeitung wird „von Hand" vorgenommen.
— es werden frische Reagenzien angesetzt.
— es wird erfahrenes Personal eingesetzt.

Eine geschickte Auswertung der dann anfallenden Resultate bzw. der ihnen entsprechenden Standardabweichungen kann die fehlerhafte Operation aufdecken.

In erster Näherung kann davon ausgegangen werden, daß sich die den Laborgrundoperationen a, b, c, etc. zukommenden Standardabweichungen s_a, s_b, s_c, etc. in folgender Weise zur Standardabweichung des Gesamtverfahrens zusammenfügen.

$$s^2 = s_a^2 + s_b^2 + s_c^2 \text{ etc.}$$

Aus der Formel ist leicht ersichtlich, daß es bei der Fehlersuche darum geht, diejenige Laborgrundoperation zu finden, welche die größte Standardabweichung aufweist. Diese fällt nämlich wegen der Quadrierung besonders stark ins Gewicht.

Ein kurzes Abschweifen sei erlaubt:
Die oben angegebene Rechenregel macht deutlich, wie schwierig es ist, Präzisionsanalysen durchzuführen, denn je kleiner die zu erreichende Standardabweichung ist, desto mehr Umstände müssen berücksichtigt und optimiert werden. Außerdem erklärt die Rechenregel, warum einfache Verfahren

in der Regel reproduzierbarere Resultate liefern: Es kommen weniger Laborgrundoperationen vor, deren Fehler in das Ergebnis eingehen können. Zudem quantifiziert die Gleichung die bereits gemachte Aussage, daß eine noch so sorgfältige Analysendurchführung eine unsorgfältige Probenahme nicht wieder wettmachen kann.

Schlußendlich sei vor einer Überbewertung der Standardabweichung gewarnt: Um entscheiden zu können, welche von zwei infrage kommenden Laborgrundoperationen — oder auch welches von zwei möglichen Analysenverfahren — reproduzierbarere Werte gibt, müssen Standardabweichungen miteinander verglichen werden.

Bei einem solchen Vergleich kommt es darauf an, zufällige Differenzen von signifikanten zu unterscheiden. Die Statistiker geben für eine solche Beurteilung die folgende Rechenregel:

$$\frac{s_1}{s_2} > Q \quad ; \quad s_1 \geqslant s_2.$$

Der Unterschied der Standardabweichungen ist signifikant, wenn das Verhältnis der Standardabweichung größer als Q ist.

Die Werte für Q sind in Abhängigkeit der Anzahl Meßwerte und der statistischen Sicherheit in Tab. 8 tabelliert. Es sei darauf hingewiesen, daß sich die Werte von s um den Faktor 3 unterscheiden müssen, wenn 4 Messungen vorliegen und die Entscheidung zugunsten der einen oder anderen Laborgrundoperation bzw. des einen oder anderen Verfahrens mit 95%-Sicherheit gefällt werden soll. Verlangt man eine 99%-Sicherheit, so muß sich die Standardabweichung des einen Verfahrens gar um den Faktor von 5.4 von der Standardabweichung des anderen Verfahrens unterscheiden. Selbst bei 25 Messungen beträgt dieser Faktor noch 1.6.

Tabelle 8. Werte von $Q_{(N)}$

Anzahl Meßwerte pro Gruppe	statistische Sicherheit		
	95%	99%	99.73%
2	12.7	63.60	236
3	4.36	9.95	19.1
4	3.05	5.43	8.50
5	2.53	4.00	5.67
10	1.78	2.31	2.78
15	1.58	1.92	2.21
25	1.41	1.63	1.80
∞	1.00	1.00	1.00

Diese Betrachtung verdeutlicht, daß es einigen Aufwand braucht, um Fehlerursachen innerhalb des Analysenverfahrens aufzuspüren, ganz besonders dann, wenn es sich um Präzisionsanalysen handelt.

Prüfung der Repräsentanz von Proben

Abschließend soll die Prüfung der Repräsentanz von Proben geschildert werden:
Wichtig zu wissen ist, mit welcher Sicherheit eine Probe der Gesamtmenge entspricht. Dazu müssen die verschiedenen Einzelproben, die aus der Gesamtmenge gezogen wurden, einzeln analysiert werden. Aus den Resultaten läßt sich die Standardabweichung des Mittelwerts nach

$$s_{\bar{x}} = \frac{s}{\sqrt{n}}$$

berechnen, die ein hinlängliches Maß für die Repräsentanz der Summe der Einzelproben darstellt. Die folgenden Voraussetzungen müssen jedoch erfüllt sein:
– Bei der Probenahme darf kein systematischer Fehler gemacht werden.
– Die Stabilität der Einzelproben muß genügend groß sein.
– Die Standardabweichung des Analysenverfahrens muß kleiner sein, als diejenige der Konzentration in den Einzelproben.
– Die Konzentration der Einzelproben muß normal verteilt sein.

Treffen diese Bedingungen nicht zu, so ist die Standardabweichung eine entsprechend weniger gute Schätzung der Repräsentanz. Andere – hier nicht diskutierte – Rechenverfahren führen dann zum Ziel (Siehe beispielsweise „Wissenschaftliche Tabellen", Ciba-Geigy AG, Basel).

12. Die Informationsdarstellung

Jetzt ist unsere Beschreibung des Lösungswegs der chemischen Analytik in einem Stadium angelangt, in dem die Laboratoriumsarbeit ausgeführt ist und in dem die problembezogene Interpretation bevorsteht. Zwischen diesen beiden Phasen muß die gewonnene Information dargestellt werden. Wenngleich der Aufwand dieser Darstellung möglichst gering sein soll, so muß sie doch umfassend sein. Beim Abschätzen des Umfangs sind drei Kriterien zu bedenken:
Die Darstellung muß mindestens so ausführlich sein, daß eine unmittelbare Interpretation möglich ist. Es ist zu bedenken, daß die Interpretation in vielen Fällen von Mitarbeitern ausgeführt – oder zumindest nachvollzogen – wird, die mit dem Vorgehen der chemischen Analytik nicht vertraut sind. Daher ist es sehr wünschenswert, in einer anschaulichen, allgemein verständlichen Form zu informieren.
Zudem muß der Lösungsweg je nach Problem so dokumentiert werden, daß sich der Analytiker selbst zu einem späteren Zeitpunkt Rechenschaft über das richtige Vorgehen ablegen kann.
Schließlich erleichtert eine gute Dokumentation das zukünftige, speditive Lösen von analogen Problemen.

12.1 Die Resultatmitteilung

Der Mitarbeiter, welcher die Interpretation ausführen soll, ist zunächst an einem „Abstrakt" interessiert, der so umfangreich ist, daß er die Interpretation der Information mit einem abschätzbaren Risiko durchführen kann.

Er benötigt Kurzangaben über die Methode, z.B.

Chlorid, argentometrisch,
Chlorid, Betriebsvorschrift vom 18.3.72,
Chlorid nach Schales & Schales, J. Biol. Chem. **140**, 879 (1940).

Dann benötigt er Angaben über die gefundene Konzentration in allgemein verständlichen Einheiten:

38.7 mg Wasser,
103% der Norm,
34 Internationale Einheiten pro kg Gewebe.

In vielen Fällen muß für eine einwandfreie Interpretation die Güte der Stichprobe charakterisiert werden, durch Anzahl Einzelproben oder Individuen, sowie die Standardabweichung der Gehalte. Es ist hierbei zu spezifizieren, ob es sich um die Standardabweichung der Einzelwerte s oder um die Standardabweichung der Mittelwerte $s_{\bar{x}} = s/\sqrt{n}$ handelt. Beispiel:

Chloridgehalt, argentometrisch,
Mittelwert = 7.32 mg/l,
 n = 12 Einzelproben,
 $s_{\bar{x}}$ = $s/\sqrt{n}$ = 0.13 mg/l.

Von besonderer Wichtigkeit ist die Präzision. Wenn es genügt, nur so viele Stellen anzugeben, wie mit Sicherheit reproduziert werden können, so muß dies mit dem Resultat angegeben werden. Beispiel:

Chloridgehalt: reproduzierbar 1.5 g/kg.

Werden mehr Stellen benötigt, so muß die Unsicherheit auch angegeben werden. Im einfachsten Fall durch die Standardabweichung. Es bestehen mehrere Möglichkeiten:
— entweder die Standardabweichung, welche für die angewendete Methode gefunden wurde (sie ist beispielsweise in der Betriebsvorschrift oder in der Publikation erwähnt) oder aufschlußreicher
— die aus der mitgeführten Qualitätskontrolle errechnete Standardabweichung (gemäß Kapitel „Kontrollverfahren") oder am besten
— die aus einer Mehrfachbestimmung des zu untersuchenden Materials ermittelte, da diese für die zu beurteilende Probe am ehesten zutrifft.

Beispiel:

Chloridgehalt = 1.542 g/l, Mehrfachanalyse,
 s = 0.007 g/l,
 n = 6.

Schwieriger ist die Mitteilung der Richtigkeit. Werden zur Kontrolle Standards mit bekanntem Gehalt mitgeführt, so kann deren Resultat mitgeteilt werden. Beispiel:

Richtigkeit:
Kontrollstandard 1.543 g Soll,
 1.542 g Ist (s = 0.002 g / h = 7).

Sinnvoll ist es auch, Analysenresultate verschiedener Analysenverfahren mitzuteilen. So wurden die Schwermetallkonzentrationen in der New Yorker Betonaffäre sowohl röntgenfluorimetrisch als auch mittels Atomabsorption bestimmt.

Ein vollkommen dokumentiertes Ergebnis würde beispielsweise so aussehen:

Chloridgehalt nach Betriebsvorschrift vom 18.3.72,
Mittelwert = 7.32 mg/*l* Wasser,
aus n = 12 Einzelproben, gemäß Entnahmeplan vom 14.3.73,
$s_{\bar{x}}$ = $s/\sqrt{n}$ = 0.13 mg/*l*,

Kontrollstandard: 1.543 mg Soll,
1.542 mg Ist,
s = 0.002 g,
n = 7.

12.2 Die Dokumentation der Analysenverfahren

Im Labor muß die erarbeitete Information umfassender beschrieben werden. Es ist von Vorteil, die Dokumentation in einen allgemein gehaltenen Teil und einen auf den speziellen Fall zugeschnittenen Teil zu gliedern.

Der erste Teil beinhaltet im wesentlichen die Analysenvorschrift, für deren Abfassung die wichtigsten Kapitel aufgezählt werden. Bezüglich der Ausführlichkeit müssen im einzelnen Fall Kompromisse gemacht werden.

Eine so dokumentierte Analysenvorschrift erlaubt es dem Analytiker, sich jederzeit eine Vorstellung von der Leistungsfähigkeit der Vorschrift zu machen. Sicherlich: der Aufwand ist groß und nicht immer gerechtfertigt.

Jede Analysenvorschrift beginnt mit einer Kurzbeschreibung des Analysenganges:
1.1 Auf welche Komponente wird geprüft?
1.2 Für welche Probenart eignet sich das Verfahren?
1.3 Welches Analysenverfahren wird angewendet? (Angaben der Reaktionen, Trennschritte, Meßverfahren, evtl. der benutzten Apparaturen).

Der Einleitung folgt ein Kapitel, in dem die eigentliche Vorschrift gegeben ist. Zunächst eine Übersicht der notwendigen Mittel:
2.1 Aufstellung der benötigten Chemikalien, Lösungen, Eichsubstanzen,
2.1.1 Reinheitsgrad/Herkunft,
2.1.2 Lagerungsbedingungen (Dunkel, Kühlschrank),
2.1.3 Stabilität,
2.2 Aufstellung der benötigten Geräte,
2.2.1 eingesetzte Instrumente, oder Automaten, eventuelle Alternativen,
2.2.2 Glaswaren und andere Materialien,

2.2.3 eventuell besondere Waschanleitung,
2.3 Bedingungen der Laborgrundoperationen,
2.3.1 Reihenfolge,
2.3.2 Parameter (Zeit, Temperatur, etc.),
2.3.3 verwendetes Referenzsystem.

Die ersten drei Abschnitte müssen so gestaltet werden, daß die Vorbereitungen zur Analyse schnell und rationell getroffen werden können. Im letzten Abschnitt muß der Analysengang kochbuchartig beschrieben werden. Allgemein bekannte Tatsachen sollen nicht enthalten sein. Speziell wichtig ist es jedoch, auf Schwierigkeiten hinzuweisen und genaue Anleitung zu deren Umgehen anzugeben.

Im nun folgenden Kapitel wird die Güte des Analysenverfahrens beschrieben. Sie dient zur Abschätzung der Interpretierbarkeit und erlaubt es dem Analytiker, festzustellen, ob er die Methode beherrscht.

3.1 mathematische oder graphische Darstellung bisheriger Resultate, insbesondere solche der Qualitätskontrolle und Resultate aus Ringversuchen,
3.2 Empfindlichkeit,
3.3 Nachweisgrenze,
3.4 Wiederholbarkeit/Reproduzierbarkeit als Standardabweichung,
3.5 Selektivität,
3.5.1 mögliche Interferenzen (Ausmaß und Art),
3.5.2 Substanzen, die möglicherweise in den zu analysierenden Proben vorkommen, aber sicherlich nicht interferieren,
3.5.3 Erkennungsmöglichkeiten von Interferenzen und deren Beseitigung:
Elimination   (Trennmethoden/Reaktion),
Kompensation   (meßtechnische Anordnung),
Korrektur   (Rechenformel).
3.6 Genauigkeitskriterien, Vergleich mit anderen Methoden.

In einem abschließenden Kapitel können Erfahrungsangaben gegeben werden, die bereits mit der Methode gemacht wurden:
4.1 Beschreibung typischer so analysierter Proben (Art Material),
4.2 Mögliche Modifikationen.

Arbeitsprotokoll

Der zweite Teil der Informationsdarstellung enthält die im speziellen Fall erhobenen Befunde. Er beginnt mit der Art des Materials, dem Entnahmeplan und dem Entnahmeprotokoll zur Gewinnung des Analysensystems. Maßnahmen zur Probenkonservierung und Probenvorbereitung. Falls untersucht, enthält er Angaben über die Repräsentanz des Musters.

Es schließen sich an: die während der Analyse gemachten Beobachtungen und Abweichungen von den in der Analysenvorschrift spezifizierten Parametern und Manipulationen.

Den Abschluß bilden Mitteilungen über Reproduzierbarkeit und Genauigkeit, wie sie beispielsweise im vorigen Kapitel „Qualitätskontrolle" erwähnt werden.

13. Die Interpretation

Jetzt kommen wir zur letzten Phase im zyklischen Lösungsweg der chemischen Analytik. Sie gibt über ein zu fällendes Urteil die Entscheidung darüber, ob der Informationsprozeß nochmals durchlaufen werden muß oder ob ein Konzept aufgestellt werden kann, gemäß dem die Lösung des Problems angegangen werden kann.
Die Notwendigkeit zur Wiederholung des Prozesses zur Informationsgewinnung kann auf drei Tatsachen beruhen.

1. Mit dem zur Verfügung stehenden Analysenverfahren kann die notwendige Information nicht erarbeitet werden oder der Aufwand steht in keinem annehmbaren Verhältnis zum Nutzen. In diesem Fall muß versucht werden, die Hypothese mit Information aus anderen Fragestellungen zu widerlegen oder zu untermauern.
2. Der Informationsgehalt ist für einen Entscheid nicht ausreichend, entweder ist die Repräsentanz des Analysensystems zu niedrig oder beim Analysenverfahren sind zu große Streuungen aufgetreten.
   In dieser Situation kann das gewählte Prozedere nochmals durchlaufen werden. Die Wiederholung des Analysenverfahrens oder die Erweiterung der Stichprobe verringert das Gewicht der zufälligen Fehler und vermehrt dadurch die Information.
3. Der Informationsgehalt reicht zur Interpretation aus, die Hypothese kann verworfen werden. In diesem Fall müssen je nach dem andere Hypothesen aufgestellt und diskutiert werden.

Führt die Interpretation der Information dazu, daß die Hypothese so nicht widerlegt werden kann, so steigt die Wahrscheinlichkeit, daß sie zutrifft. Diese Situation führt – möglicherweise zusammen mit anderen Informationen – zum Konzept.
Wie muß ein solcher Entscheid gefällt werden?
Grundsätzlich nur durch Vergleich.

13.1 Der Identitätsnachweis

Die über das Analysensystem gewonnene Information wird mit der über das Vergleichssystem bekannten Information verglichen. Im einfachsten Fall

sind das zwei Zahlenwerte und der Entscheid: „identisch" oder „nicht identisch" fällt leicht.
Schwieriger liegen die Verhältnisse, wenn entschieden werden muß, ob der Unterschied zufällig ist, oder ob er statistisch gesichert ist. Es gilt dann, die bei der Analyse entstandenen systematischen Fehler, die Streuungen bei der Probenahme und während der Laboroperationen mit in die Betrachtung einzubeziehen.
Das eigentliche Problem liegt nun darin, daß nicht alle Unsicherheitsfaktoren erkannt werden. Dies gilt insbesondere für die systematischen Fehler – wie es beispielsweise die Ringversuche verdeutlichen.
Um unter diesen Umständen trotzdem zu einem verläßlichen Urteil zu kommen, sollte – wenn immer möglich – das Analysensystem und das Vergleichssystem in der gleichen Serie untersucht werden. Die systematischen Fehler sind dann für beide Systeme gleich. Es ist der Aussagekraft der Information zuträglich, wenn dem die Analyse ausführenden Personal nicht bekannt ist, welche Proben dem Analysensystem und welche Proben dem Vergleichssystem entnommen werden.
Bei einem solchen Vorgehen gilt der Unterschied als gesichert, wenn

$$\frac{\bar{x}_1 - \bar{x}_2}{s} > \sqrt{\frac{2}{N}} \cdot t_{(N)}.$$

Die Symbole wurden im Kapitel „Qualitätskontrolle" erläutert (S. 73).

13.2 Die zusammengesetzten Urteile

Liegen mehrere Informationen über ein analysiertes System vor, so empfiehlt es sich, die Interpretation in mehreren Schritten vorzunehmen, indem jede Einzelinformation zu einem *Teilurteil* führt. Die Teilurteile können dann über ein Bewertungssystem zu einem Gesamturteil zusammengefügt werden. Ein Beispiel ist die Typenkonformität eines Produktes, z.B. einer Tablette. Hier liegen unter Umständen Konzentrationsangaben für verschiedene Konstituenten, Aussagen über Farbe, Geruch und Form, über Festigkeit und Zerfallsgeschwindigkeit vor, also auch Informationen, die nicht auf chemisch-analytische Fragestellungen zurückgehen.
Schwieriger liegen die Umstände bei Untersuchungen zur Strukturaufklärung von chemischen Substanzen. Hier empfiehlt sich das gleiche Vorgehen, wobei aber der Übersicht halber Gruppen von Teilurteilen zu Zwischenurteilen komprimiert werden, die ihrerseits zum Gesamturteil führen. Die Art und Weise wird im folgenden skizziert: Es wird angenommen, daß eine Elementaranalyse, ein UV-Spektrum und ein IR-Spektrum vorliegen. Als Einstieg wird das IR-Spektrum gewählt. Die Beurteilung von einzelnen Banden führt zu einem

noch vagen ersten Zwischenurteil, das durch die Beurteilung von Kombinationen von Banden eingeengt wird und durch Zusammenfügen mit den Teilurteilen des UV-Spektrums und der Elementaranalyse zu einem – im Idealfall eindeutigen – Gesamturteil verknüpft werden kann.

13.3 Die Hilfsmittel zur Interpretation

Von den Hilfsmitteln zur Interpretation wurden die Tabellenwerke mit aufgelisteten physikalisch-chemischen Eigenschaften von Systemen bereits erwähnt. Ebenfalls erwähnt wurden Tabellen mit Durchschnittseigenschaften von Kollektiven und die behördlich zulässigen Eigenschaften gewisser Produkte.
Ferner gibt es Atlanten, in denen Abbildungen von Spektren der verschiedensten Art aufgeführt und teilweise interpretiert sind.
Für den speziellen Zweck sind Entscheidungsbäume publiziert, welche die Identifikation von Systemen eines abgegrenzten Fachgebietes erleichtern.
Speziell erwähnt wird eine forensische Applikation: die Identifikation von Drogen mit Hilfe von IR-Spektren. Die normalerweise zu identifizierenden Drogen wurden in neun Gruppen (A bis J) mit ähnlichen Spektren unterteilt. So ergaben sich Gruppen in denen Morphine, in denen Amphetamine oder Barbiturate etc. vorkommen (s. Abb. 21). Innerhalb der Gruppen sind dann 2 bis 12 Spektren, die durch Vergleich mit dem Spektrum der zu identifizierenden Substanz herausgefunden werden können.

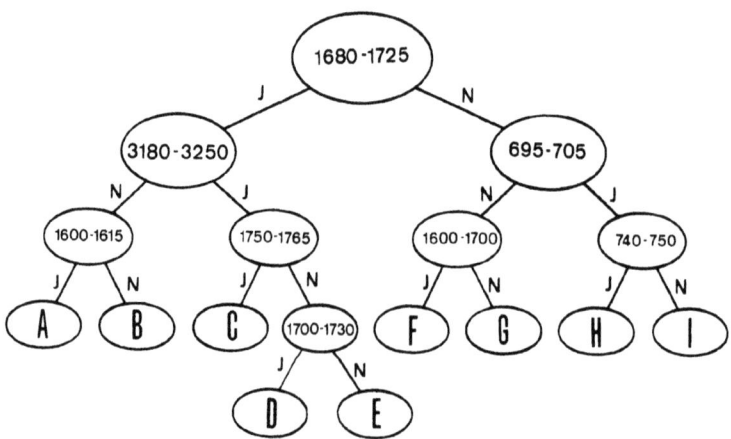

Abb. 21. Entscheidungsbaum zum Identifizieren von IR-Spektren forensisch interessanter Wirkstoffe: Falls Banden im angegebenen Bereich vorhanden sind, folgt man dem J (ja), falls nicht dem N (nein)

Solche Entscheidungsbäume existieren auch für andere Fachgebiete. Sie erlauben auch wenig geübtem Personal schnell zu einer Entscheidung zu kommen.
Der Vergleich der Information bezüglich der zwei Systeme kann auch durch die elektronische Datenverarbeitung übernommen werden. Dazu sind unter anderem Spektren — insbesondere im UV- und IR-Bereich sowie Massenspektren samt den notwendigen Auswerteprogramm auf Magnetbändern erhältlich.

13.4 Die Verifikation

Den meisten durch das Interpretationsverfahren gefällten Urteilen haftet noch — zum Teil erhebliche — Unsicherheit wegen des oft unbekannten Anteils systematischer Fehler am Meßresultat an. Aus diesem Grund wird man versuchen, das Urteil durch redundante Information zu bestätigen.

Im Falle der Identifikation von Systemen anhand von Spektren wird man das Referenzspektrum vorteilhafterweise mit der gleichen Probenvorbereitung, gleichem Personal und gleicher Apparatur anfertigen. So ist man einigermaßen sicher, daß die systematischen Fehler in den zu vergleichenden Systemen etwa gleich sind.
Ein ähnliches Procedere drängt sich für quantitative Vergleiche von zwei Systemen auf.
Da sich kinetische Effekte sehr viel schwieriger interpretieren lassen, ist eine Verifikation von auf ihnen fußenden Urteilen insbesondere angezeigt. So wurde auch der Einfluß der Schwermetalle auf die Geschwindigkeit des Betonabbindens im eingangs erwähnten Beispiel über die New Yorker Betonaffäre im Labor verifiziert, indem zu normalerweise abbindenden Produkten entsprechende Mengen Blei und Zink zugesetzt und die zeitliche Konsistenzänderung der Versuchsansätze registriert wurde.

13.5 Die Interpretation von Resultaten aus verschiedenen Laboratorien

Wie unangenehm der Einfluß systematischer Fehler sein kann, wird am deutlichsten, wenn Resultate aus verschiedenen Laboratorien zu interpretieren sind.
Welche Konsequenzen sind zu ziehen? Vor Großversuchen, an denen mehrere Laboratorien beteiligt sind, sollte ein Ringversuch durchgeführt werden. Gegebenenfalls muß man sich anschließend auf ein oder wenige Analysenverfahren und ein Referenzsystem einigen. Für Großversuche über einen

längeren Zeitraum empfiehlt sich eine Wiederholung der Ringversuche zur Qualitätssicherung.

13.6 Zusammenfassende Urteile

Mit der Zeit fallen in bestimmten Fachgebieten der chemischen Analytik eine Fülle von Daten an. Laborjargon: Datenfriedhöfe. Es ist empfehlenswert, wenn diese Resultate hin und wieder durchforstet werden und wenn versucht wird, eine systematische Ordnung hineinzubringen. Im Wissen um die Schwierigkeiten bei retrospektiv durchgeführter Interpretation ohne Versuchsplanung lassen sich doch hin und wieder Trends entdecken, die gewisse Zusammenhänge wahrscheinlich machen. Solche vagen Zusammenhänge können als Anhaltspunkte zum Aufstellen von sinnvollen Hypothesen dienen und können sich im Idealfall zu Regeln oder gar Gesetzen verdichten, die zu neuartigen Erkenntnissen führen und darauf sind wir alle angewiesen.

14. Sachverzeichnis

Agens 16
Analysenkanäle
–, Kontrolle 62
–, mechanisierte 52
–, – für Naßchemie 53
Analysenresultat 5
–, Berechnung 56
Analysensystem 39
–, Inhomogenität 40
siehe auch „Probe"
Analysenverfahren 4
–, zergliedern 74
Analysenvorschrift 4, 17, 20
–, Auswahlkriterien 32
– für Automaten 54
–, Gütekriterien 20
–, –, Berechnung 65
Analytik, Definition 1
–, Vorgehen in der 4, 18
Antigen-Antikörperreaktion, Selektivität 25
Arbeitsprotokoll 82
Auflösung, Meßinstrumente 52
Aufschluß, chemischer 24
Ausbildung, permanente 34, 41, 55, 60
Automation 52
–, Vor- und Nachteile 59

Bandenspektrum 23
Bestimmungsreaktion 24
Betriebssicherheit 52
Brainstorming 9
Buchführung mit EDV 58

chemisch analytisches Vorgehen 3, 4
chemische Analytik, Definition 1
Chromatographie 28
Computerisierung 52, 56

Datenverarbeitung, elektronische 56
Destillation 28
Dialyse 28
Dokumentation, Analysenverfahren 81
Doppelbestimmungen 64
Dosiergeräte, mechanische 49
Drift 51, 56

Eichfunktion 44, 51
Eigenschaftsänderung 16

Einheiten, internationale 44
Elektrophorese 28
Empfindlichkeit 45
Entnahmeplan 41
Entscheidungsbaum 86
Enzymeinheit, internationale 44
Enzymkatalyse, Selektivität 25
Erfahrung 8
Ergebnis 17
–, Darstellung 79

Farbreaktion 24
Fehler
–, Berechnung 61
–, Betrachtung 17
–, Suche 74
–, systematische 20, 44
–, zufällige 20
Filtration 28
Fragestellung
–, chemisch analytische 11
–, chemische 4
–, Prüfen der 15

Gelchromatographie 28
Genauigkeit 5, 21, 22
–, Berechnung 72
Geschwindigkeiten 14

Halbwertszeit 73
Hypothesen
–, Aufstellung 3, 8
–, Prüfen 10
–, Transformation 15
–, Verwerfen 84

Identität 13
–, Nachweis 84
Information 4, 5, 18
–, Darstellung 79
–, Interpretation 84
Instrumente 17, 48
–, Flexibilität 52
–, Stabilität 51
Instrumentation 48
Inter-molekulare Kräfte 12
Interpretation 5, 18, 46
– mit Computer 58
–, Hilfsmittel 86

Interpretation, Vorgehen 84
Intra-molekulare Kräfte 12
Istsystem/Sollsystem 8
Intuition 8

Kalottenmodelle 9
Kapazität von Automaten 55
Kernkräfte 12
Kinetik 25
– zur Genauigkeitsbeurteilung 73
– erster Ordnung 27
– nullter Ordnung 26
Klassen, chemische 47, 86
Kollektive 47, 84
Kommunikation, persönliche 34, 41, 55
Komponenten 11, 16
Konfiguration 12
Konstitution 12
Kontrolle
–, Notwendigkeit 4, 17, 61
–, qualitative 63
–, quantitative 63
Kontrollgrenzen 71
Konzept zur Problemlösung 4, 5
Koordinationen 11, 16

Laboratoriumstiere 10, 33
Laborganisation 42
–, Datenverarbeitung 57
–, Methodeneinführung 55
–, Personal 44, 60, 64
–, Qualitätskontrolle 64
–, Zentralisation 60
–, Zusammenarbeit 87
Leerwert 24
Leistungsfähigkeit von Automaten 55
Linienspektrum 23
Literatur 33
–, beschaffen 38

Maskierung 24
Matrix 22
–, Einfluß auf Analyse 23
–, –, deren Elimination 24–29, 43, 65, 74
Mehrfachanalyse 59, 64
Meßbereich 45, 52
messen, absolut 51
Meßinstrumente 50
Meßwertbereich 69
Mittelwert, Berechnung 69
Modelle 9, 33
Morphologie 9
Muster 39

Nachweisgrenze 45
Nachweisreaktion 24
Normalwerte 47
Notfallanalysen 33

Photometrie 22
Plausibilität 10, 65
Plausibilitätskontrolle 63
Präzision 20, 21
–, Berechnung 69
–, Bestimmung 65
–, Definition 29
Primärstandard 43
Probe 5
–, Zuführung 49
Probenahme 17, 41
–, Güte 39
Protokoll, Arbeits- 82
–, Probenahme 41
Prozeßautomation 58

Qualitätskontrolle 18, 61
–, Auswertung 65
–, Durchführung 64
– mit Rechner 58

Rauschen 51
Reagenzien 16
Reaktion, chemische 24, 27
Referenzsystem 17, 22, 43
Referenzverfahren 72
Repräsentanz 40
–, Berechnung 78
Reproduzierbarkeit 5, 55
–, Berechnung 64
Resultat 5, 17
–, Berechnung 56
–, –, Eichfunktion 51
–, –, Leerwert 24
–, Mitteilung 79
Richtigkeit 21
–, Berechnung 72
–, Mitteilung 80
Ringversuche 61, 87
Rohdatenverarbeitung 56

Schiedsanalysen 32
Screening 33
Sekundärstandard 43
Selektivität 22–29
–, Geräte zur Hebung der 49
Sicherheit, statistische 73
Signale 16, 17
–, Beeinflussung 22

–, Eichung 44
–, Stabilität 51
Spurenanalyse 45, 62
Standard 17
–, interner 30, 51
–, primär/sekundär 43
Standardabweichung
–, Berechnung 69, 76
– der Mittelwerte 80
standardisierte Verfahren 38, 44
Statistik 65
statistische Sicherheit 73
Steuerung von Geräten 57
Stichprobe 39, 40
–, Güte der 78, 80
Streuung 21
–, Berechnung 71
Strukturen 12, 13
Sublimation 28

Titrimetrie, Selektivität 25
Trennverfahren 27

Urteile 85

Valenzkräfte 12
Variationskoeffizient, Berechnung 70
Vergleichssystem 17, 46
Verifikation 87
Vorproben 9

Warngrenzen 71
Wiederfindung 73
Wiederholbarkeit 29, 64

Zeitschriften 37
Zentralisation 60
Zentrifugation 28

MIX
Papier aus verantwortungsvollen Quellen
Paper from responsible sources
FSC® C105338

If you have any concerns about our products,
you can contact us on
ProductSafety@springernature.com

In case Publisher is established outside the EU,
the EU authorized representative is:
**Springer Nature Customer Service Center GmbH
Europaplatz 3, 69115 Heidelberg, Germany**

Printed by Libri Plureos GmbH
in Hamburg, Germany